魔力太阳

光、电与生命的源头探秘

刘 文 ◎ 主编

中国科学技术大学出版社

内 容 简 介

本书从光伏农业涉及的各种自然科学知识出发，以简单易懂的语言介绍了太阳在能源、农业和生态等方面是如何影响人类生活的。全书分为6章，讲解了六大板块的科普知识：太阳系、地球和月亮，光的传播和光的颜色，电的产生和电的应用，半导体和光伏发电的基本原理，植物的生长和光合作用，水循环和生态环境。为了帮助青少年理解知识，各章还配备了容易操作的动手小实验、思考题或趣味小故事，有利于提升科学素养、培养创新精神。

本书主要面向中小学生，可作为广大青少年全面、系统理解大自然规律和自然现象相互关联的科普读物，也能帮助他们从小培养对科学探秘和发明创造的兴趣。

图书在版编目(CIP)数据

魔力太阳：光、电与生命的源头探秘 / 刘文主编. -- 合肥：中国科学技术大学出版社，2025.7. -- ISBN 978-7-312-06346-6

Ⅰ. TK51

中国国家版本馆 CIP 数据核字第 2025S81986 号

魔力太阳：光、电与生命的源头探秘

MOLI TAIYANG：GUANG、DIAN YU SHENGMING DE YUANTOU TANMI

出版 中国科学技术大学出版社

安徽省合肥市金寨路96号，230026

http://press.ustc.edu.cn

https://zgkxjsdxcbs.tmall.com

印刷 合肥华苑印刷包装有限公司

发行 中国科学技术大学出版社

开本 787 mm×1092 mm 1/16

印张 10.25

字数 134千

版次 2025年7月第1版

印次 2025年7月第1次印刷

定价 68.00元

前 言

人类，生活在我们共同的蔚蓝色星球上，每天日出而作，日入而息。抬头仰望天空，观察着昼夜交替、日月星辰；享受着盘中美味，体味着春种秋收、四季轮回。年轻的读者朋友，你有没有想过，我们每天生活的环境、吃的粮食、喝的水、用的电，其实都是环环相扣、紧密相关的呢？学习科学，了解自然，相信你一定会对身边的世界有一个全新的认识。

“科技创新、科学普及是实现创新发展的两翼，要把科学普及放在与科技创新同等重要的位置。”本书的创作灵感正是源于中国科学技术大学一个融合了先进光伏发电技术与传统农业生产的创新成果。我们认为，尖端科技不仅是驱动社会生产的新动力，还应该成为科普的抓手，在广大青少年的心中种下科学的种子，培育孩子们探索大自然的兴趣和创新意识。通过阅读本书，你将逐步揭开天文地理、光和电、植物生长和水循环的神秘面纱，跟随着一缕阳光的脚步，踏入它孕育生命、驱动文明的神奇旅程。

接下来，我们将简要介绍农业光伏创新项目的相关情况，供有需要的成年读者了解。青少年读者可以直接跳过下面的部分，从正文第1章开始自己的科学探究之旅。

中国科学技术大学（简称“中国科大”）是一所立足前沿科学和高新技术的顶尖理工科院校，其物理学科被教育部评为“双一流”建设学科A+等级。中国科大物理学院包含5个系，其中光学与光学工程系在2015—2020年是中国光学学会理事长单位。中国科大光学与光学工程系响应党和国家号召，大力开展光学与农业交叉学科的研究，近年来取得了令人瞩目的成果。其中，“太阳光的光谱分离与光伏农业”创新项目（简称“农业光伏创新项目”）曾获2015年日内瓦国际发明展金奖、2017年美国R&D 100奖、2018年世界可再生能源技术协会年度创新奖等国内外奖项。该项目还被美国探索频道（Discovery Channel）选入《智慧中国》宣传片，片中盛赞该创新成果“前所未有地高效利用了太阳能”，是“可能改变人类生活的一项突破”。

R&D 100
55 Years of Invention

Discovery CHANNEL

农业光伏创新项目获国内外诸多奖项

中国科大的这项创新基于光学原理。太阳光包含可见光、紫外线和红外线三部分，其中可见光约占太阳总辐射量的70%，所以我们首先将阳光中农作物生长所需的光谱成分通过聚合物多层滤光膜过滤下来。照射在植物表面的可见光部分也只有一部分能够被植物吸收，粗略地说，只有波长在650纳米左右的红光、440纳米左右的蓝光、735纳米左右的远红光容易被农作物吸收。光学滤光膜可以让上述红光、蓝光和远红光透过，而将其他多余的光反射并汇聚到上方的太阳能光伏电池上，再通过光伏效应发电，实现清洁能源的可持续生产。

目前，中国科大农业光电子项目团队已经在安徽阜阳、宿州和江苏镇江等地搭建了多个演示和实验系统。实验结果表明，我们的农业光伏系统不仅可以实现光伏发电，还能通过优选适合光合作用的光谱，使系统下方生长的农作物产量获得显著提升。与此同时，系统还具有减少水蒸发的效果，有利于抗旱节水、增强农业生产韧性。这样的系统真正兼顾了光伏发电与农作物生长，是国内外“光伏＋农业”发展模式中农光互补技术的一项突破。

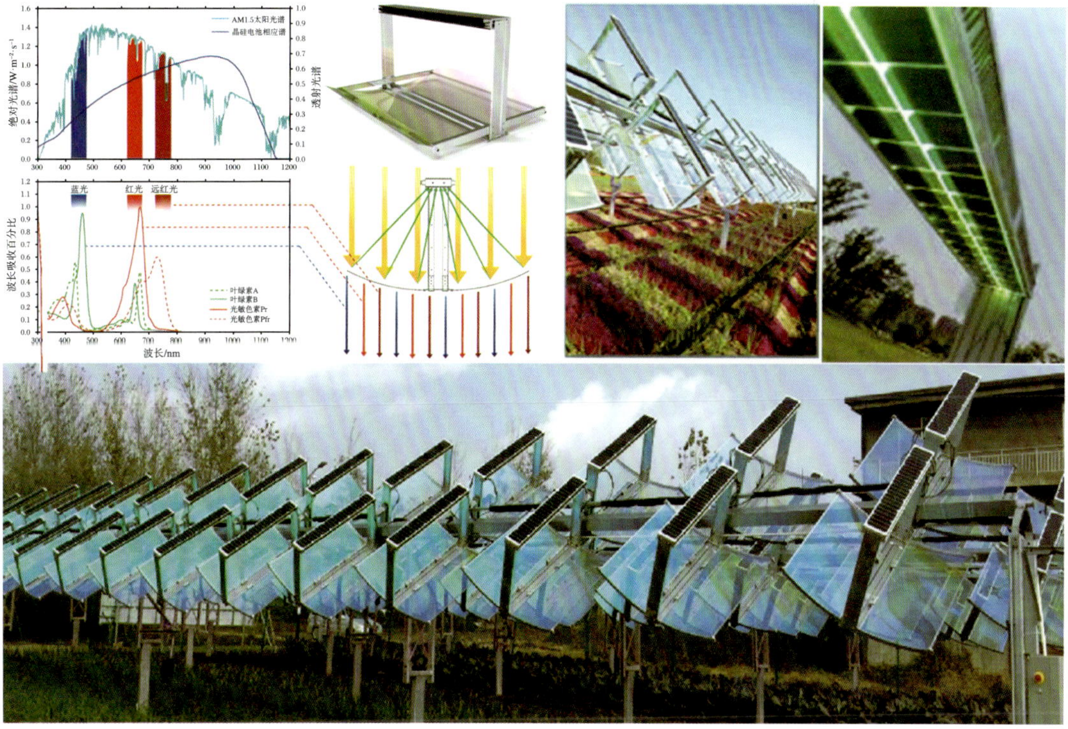

农业光伏示范项目

本书由中国科大光学与光学工程系刘文讲席教授主持编写。在此，对负责撰写各章节的研究生表示感谢。特别是陈方才博士，在临近毕业时还做了大量组织协调工作。编辑出版工作得到中国科学技术大学出版社的大力支持，谨致诚挚谢意。本书在编写过程中也积极运用了现代科技，例如使用生成式人工智能绘图，反映了难以用实物照片展示的某些场景，使科学内容更加直观、生动。书中难免存在疏漏之处，欢迎广大读者朋友批评指正。

编　者

2025 年 6 月

目 录

第1章

我们的家园
地球与太阳系

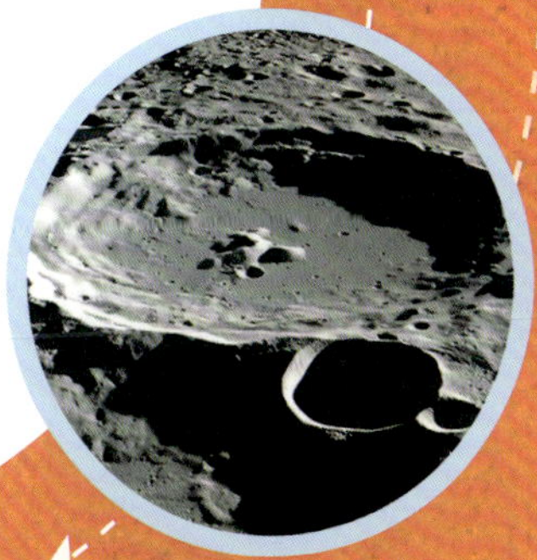

1.1 认识太阳系

太阳系是人类的摇篮，是我们在宇宙中的家园。目前，我们还没有在其他星系发现智慧生命存在的痕迹。因此，太阳系也是浩瀚宇宙中承载文明的一叶扁舟。

太阳系的恒星

太阳位于太阳系的中心，也是这里唯一的恒星。它是一个大火球，半径为69.6 万千米，是地球半径的 109 倍。太阳与地球的距离约为 1.496 亿千米。

太阳的结构可以分为内部和外部，“里三层，外三层”。内部结构依次是核心、辐射区和对流区；外部结构依次是光球层、色球层和日冕（也有科学家认为色球层和日冕之间还存在一个过渡区）。

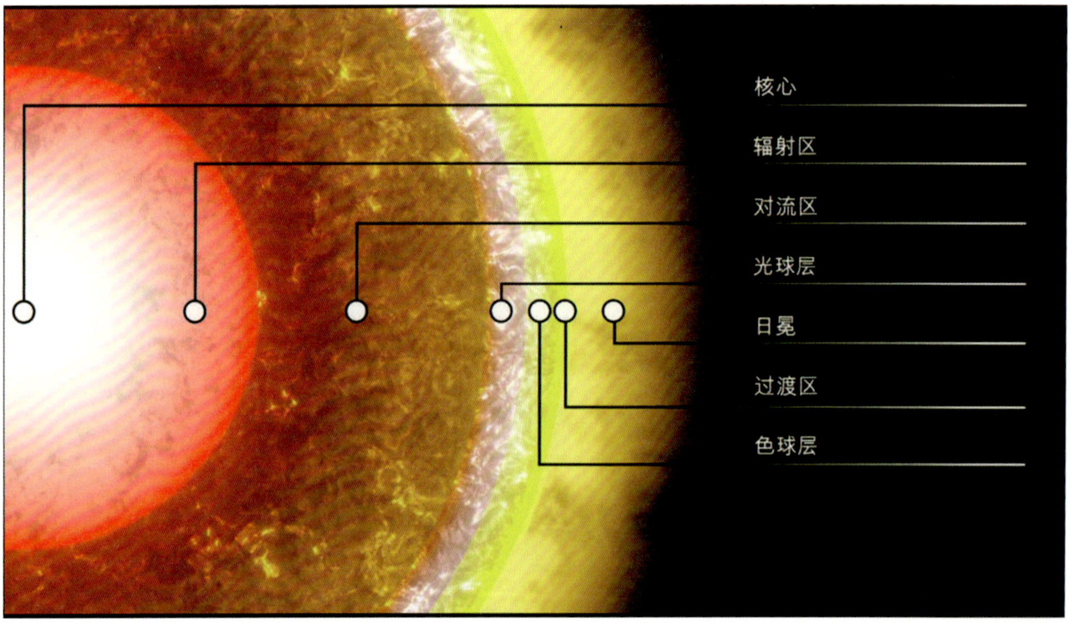

太阳分层结构（图源：Vito Technology）

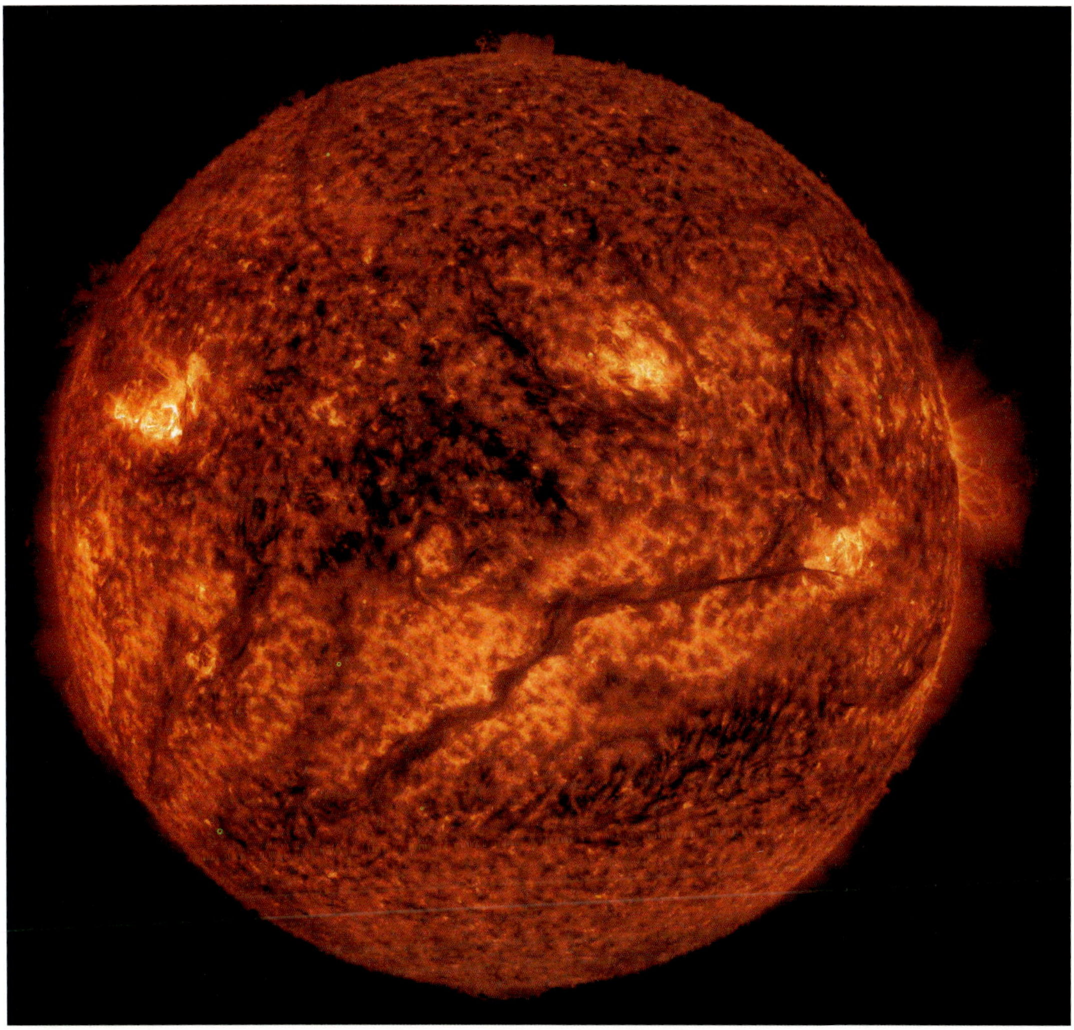

太阳（图源：NASA）

太阳**核心**处的温度高达 1500 万摄氏度，压力相当于 3000 亿个标准大气压，每时每刻都在发生着剧烈的核聚变反应。科学家通过估算核聚变所需的原料——氢的含量，发现太阳至少还有 50 亿年的寿命。核聚变就像一场盛大的舞会，大量的氢原子会冲向彼此，寻找自己的“舞伴”，从而配对成为一个个新的组合——氦原子。这个过程会产生大量的能量，从“舞池”，也就是太阳的核心释放出来，其中一种能量的形式便是光子。

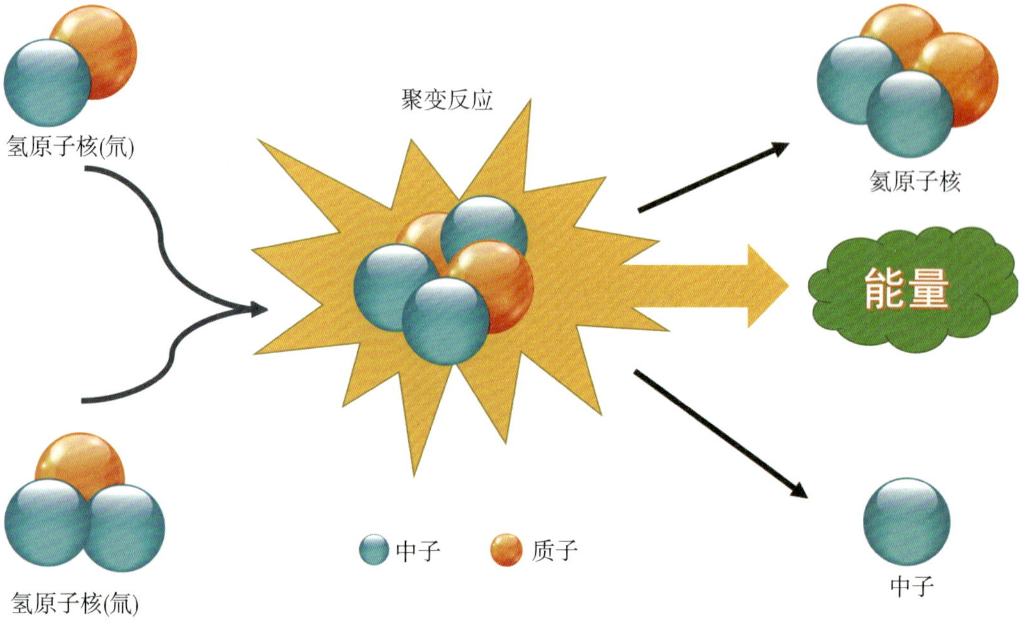

氢核聚变反应的基本原理

太阳的**辐射区**中物质密度很高，如同节假日里人挤人的街道，导致光子在从内向外跑动的过程中，会不止一次地碰到其他光子，从而跌跌撞撞地不断改变方向。在物理学中，这种现象意味着光子的自由行程很短。在光子从太阳的核心到达表面的旅程中，它们携带的能量逐渐减小，最终变成我们人类肉眼能看到的光亮——可见光。

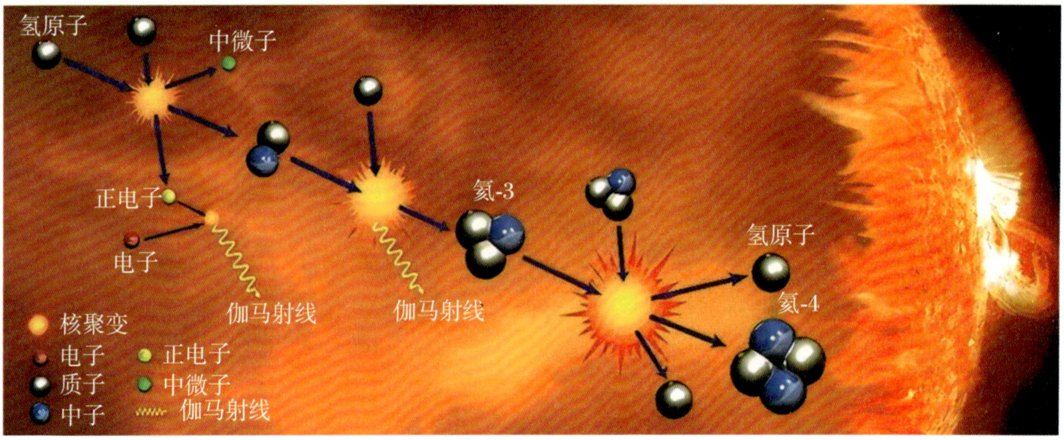

太阳内部的核聚变（图源：Mark Tiele Westra）

太阳的**对流区**在辐射区的外侧，厚度有十几万千米。这里的温度、压力和密度变化相当剧烈，物质在这里快速地进行着对流运动，就像烧开水一样。太阳的内部如同壶底的火，物质就是壶中的水。下方的水先被加热成热水，热水比冷水轻，就会“咕噜咕噜”地往上冒；上方的凉水则会往下沉，回到壶底继续被加热。物质在对流区中不断翻滚、循环，实现了能量的传递。

太阳的外部也分三层。**光球层**是厚约 500 千米的气体层，它的界限比较分明，太阳的半径就是按照这个界限确定的。其实，几乎所有我们能看到的太阳光都是从光球层发出来的。

色球层比较特别，它在光球层的外侧，上面时不时喷吐着细丝状的火舌——日珥。因为色球层里氢含量很高，所以它看起来是红色的。只有在日全食的时候，我们才能在太阳边缘看到色球层。

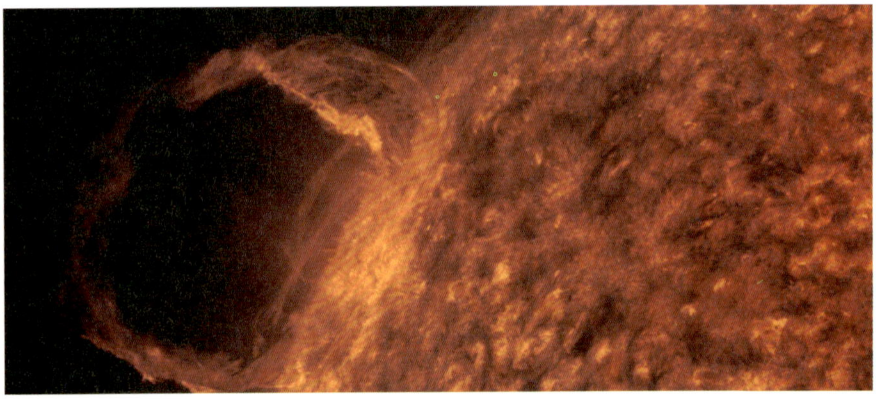

日珥（图源：NASA）

日全食时的色球层（图源：NASA）

日冕是太阳的最外层，它非常稀薄，但同时体积最大，是由逃离太阳飞往太空的一种特殊物质组成的。太阳风会将日冕中的物质带到太阳周围的太空中，就像太阳给周围空间吹了一阵风。

“羲和”逐日（图源：国家航天局）

日冕物质抛射现象也极为壮观，我国的“羲和号”太阳探测卫星就曾记录下 2024 年 3 月日冕物质抛射爆发前，两个“蠢蠢欲动”的太阳活动区。

太阳是太阳系中热量的来源，热量以光、离子射线等形式传播到太阳系的各个角落。离太阳越近的地方，接收到的热量越多，温度就越高；离太阳越远的地方，接收到的热量越少，温度也就越低。

八大行星

在太阳系中，有八大行星。它们作为太阳的行星，每天都沿着各自的轨道绕太阳公转。按照离太阳由近到远的顺序，它们依次为水星、金星、地球、火星、木星、土星、天王星和海王星。

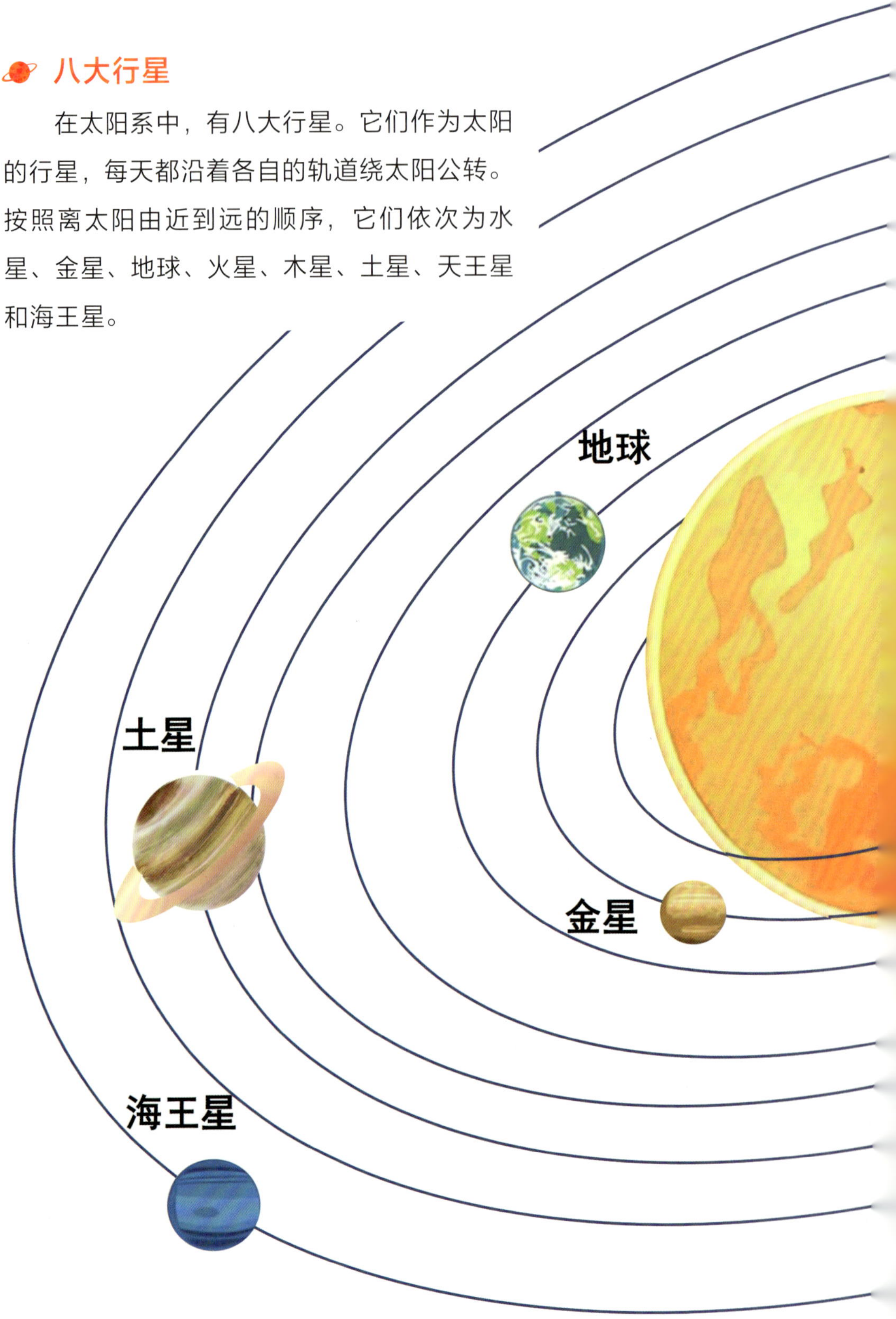

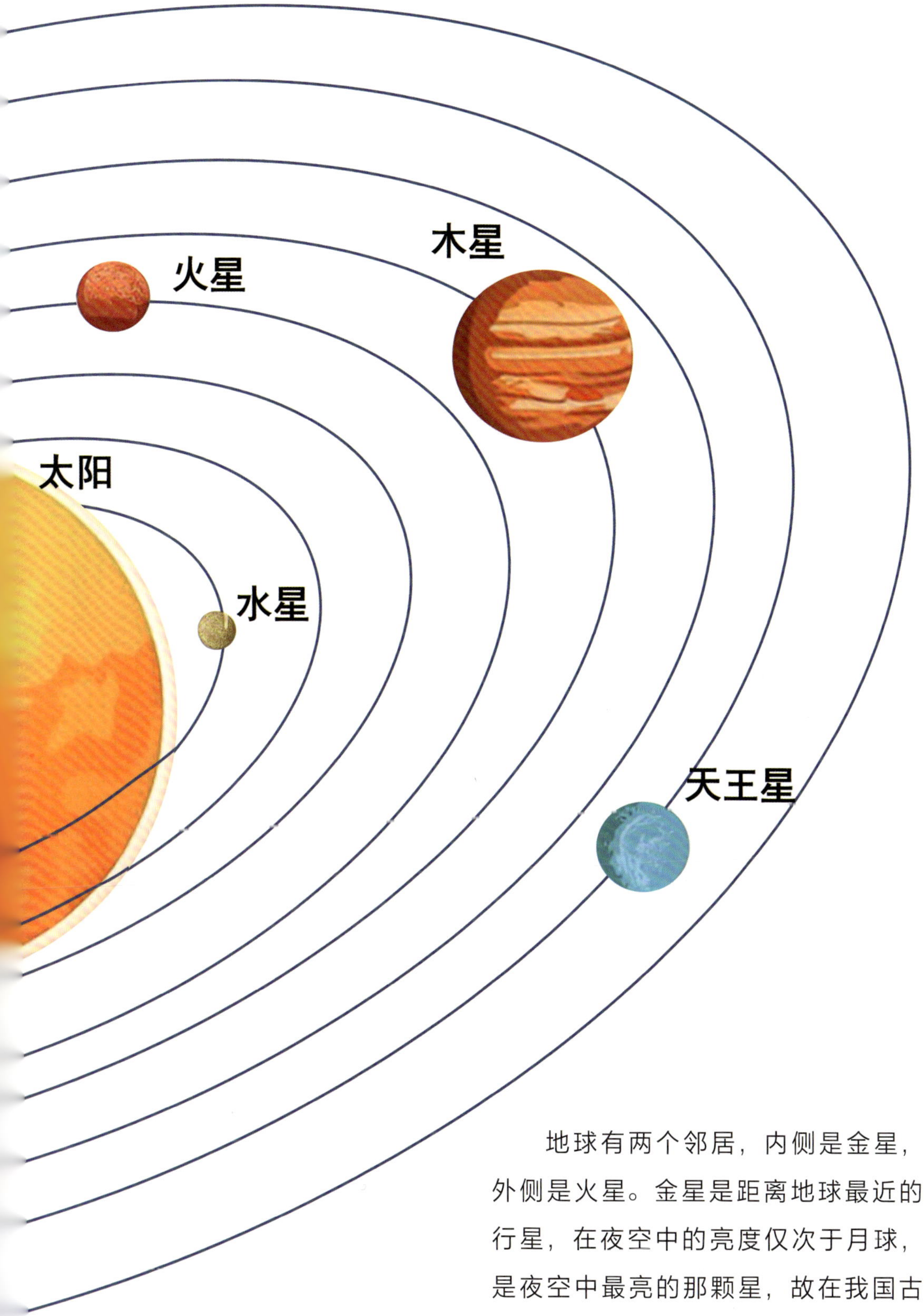

地球有两个邻居，内侧是金星，外侧是火星。金星是距离地球最近的行星，在夜空中的亮度仅次于月球，是夜空中最亮的那颗星，故在我国古代被称为“太白金星”。

金星是一颗神秘的行星，它的大气层有很多有趣的东西。其中，96% 以上是二氧化碳，还有一点点的氮气，甚至有微量的一氧化碳、二氧化硫、水蒸气和氦气。这层大气非常厚，它吸收了太阳的热量，让金星像一个巨大的温室，地表温度达到了惊人的 462 摄氏度。大气中还飘着火山喷发带来的硫化物，云朵就是由稀疏的硫酸烟雾组成的。而且金星的大气非常浓密，气压是地球的 92 倍！常见的汽车如果放到金星表面，会被看不见的“空气”瞬间压扁。

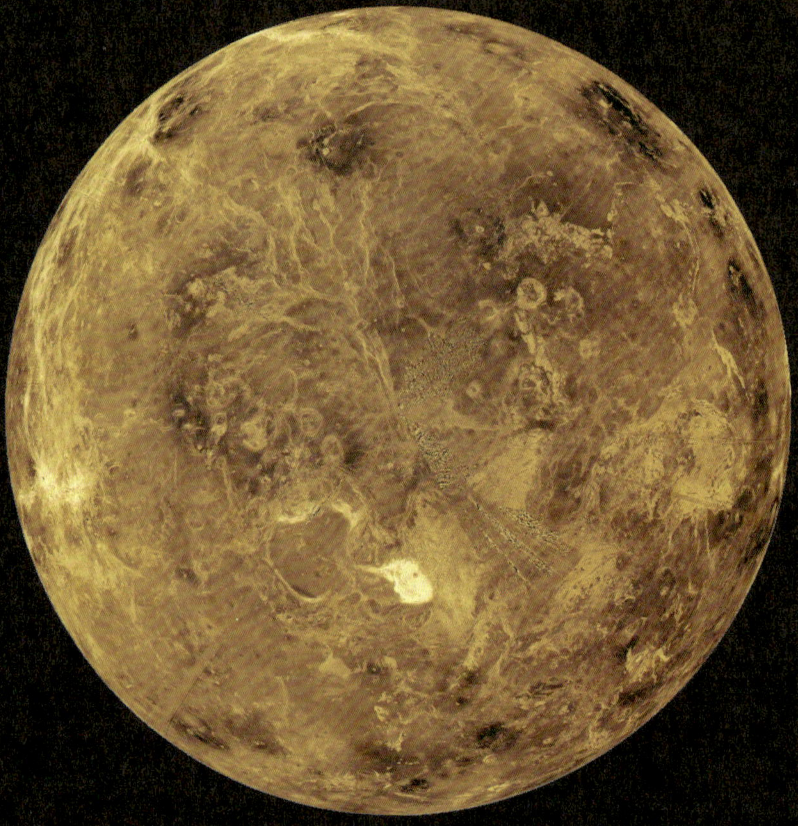

金星表面（图源：NASA）

金星也是一颗荒凉、贫瘠的行星。它没有像地球那样的磁场来保护自己，太阳风可以直接吹向金星的大气层，把水分子分解成氢和氧，并把比较轻的元素吹走。因此金星上没有水，失去了孕育生命的可能。

因为金星的大气层如此特殊，所以人类在探索金星时面临很多困难。早在 1961 年，苏联就发射了“金星 1 号”飞掠器，开始了对金星的探索之旅。但金星恶劣的自然环境让人类的探测器频频遭遇故障，一直到“金星 9 号”，才首次成功地从金星表面传回了科学数据。

苏联“金星”系列探测器

相比之下，**地球**大气的主要成分是氮气（N_2）、氧气（O_2）、二氧化碳（CO_2）和水蒸气（H_2O）。其中，氮气的体积占比最大，约为 78%；氧气是绝大多数生命活动的必需气体，其体积占比约为 21%。因为地球的质量足够大，所以引力能够牢牢吸附住大部分气体分子，形成保护生命的大气层。

火星是地球的另一个邻居，它和地球有很多相似之处。火星表面是红色的，这是因为火星的土壤里有很多氧化铁。早在 20 世纪 70 年代，美国国家航空航天局（英文缩写为 NASA，主要负责航空学研究及空间探索）的探测器就发现火星表面似乎有水流过的痕迹。科学家从这些发现中得到启示，认为火星上可能曾经有液态水存在。

火星表面（图源：NASA）

2015 年，美国“好奇”号探测器证实了这个猜想，发现火星地表确实存在流动的液态水；2018 年，意大利科学家还在火星地下发现了一个永久性的水湖。这些重大发现为我们认识火星提供了新的视角。发现火星上有液态水，无疑增加了它成为未来人类居住地的可能性。

火星极地的冰盖（图源：NASA）

展望未来，人类登陆火星的雄心壮志从未停止。NASA 计划在 21 世纪 30 年代初实现载人登陆火星，并初步建立有人居住的基地；美国太空探索公司（SpaceX）也在积极研发星际飞船，计划在 2030 前实现火星有人居住；2020 年，我国首次成功发射了火星探测器“天问一号”，通过一次任务便成功实现了对火星的环绕、着陆和巡视（简称“绕、着、巡”）三大目标，未来我国还将执行从火星表面采样返回的任务。

科学家也在思考如何在火星上建立人类永久居住地。这需要解决许多关键技术难题，比如温室种植、资源开采和防辐射等。只要我们坚持不懈地努力探索，相信在不久的将来，人类就一定能在火星上留下自己的足迹，并最终在这颗红色星球上也建立起辉煌的文明。

“天问一号”
火星探测器

未来火星城市概念图

太阳活动对我们生活的影响

我们的太阳有时会"发脾气"，带来一系列太阳活动，包括太阳黑子、太阳耀斑和太阳风。太阳活动是太阳大气中的常见现象，它有时稀少，有时频繁，与我们的生活息息相关。

太阳黑子是太阳光球层表面较暗的区域，是由高密度的磁性活动抑制了对流的激烈活动造成的。太阳黑子常成群出现，很少单独活动。其活动周期通常为 11.2 年，活跃时会对地球的磁场产生影响，造成指南针乱抖动，严重时会造成无线电通信中断或电网停电等故障。

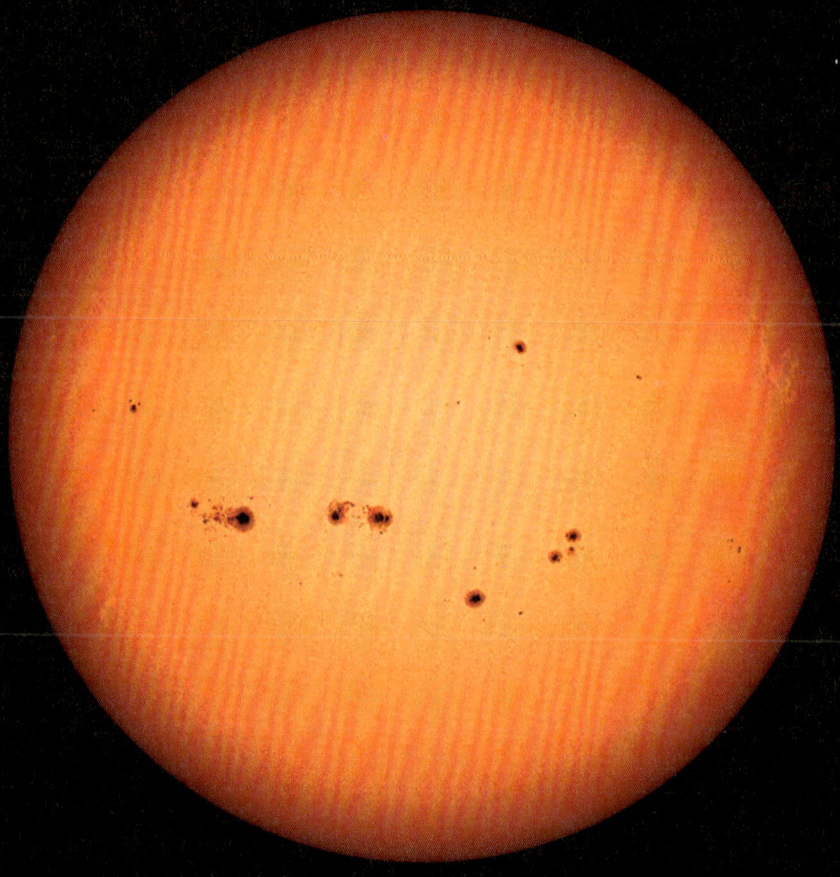

太阳黑子（图源：NASA）

太阳耀斑就像是太阳边缘突然亮起的一道闪电，它释放出非常多的能量，相当于太阳每秒钟释放能量的 6 倍！耀斑会发出 X 射线辐射，对地球的电离层产生影响，干扰远距离的无线电通信。而且，耀斑还会发出分米波段的电磁辐射，直接影响雷达等设备的正常工作。

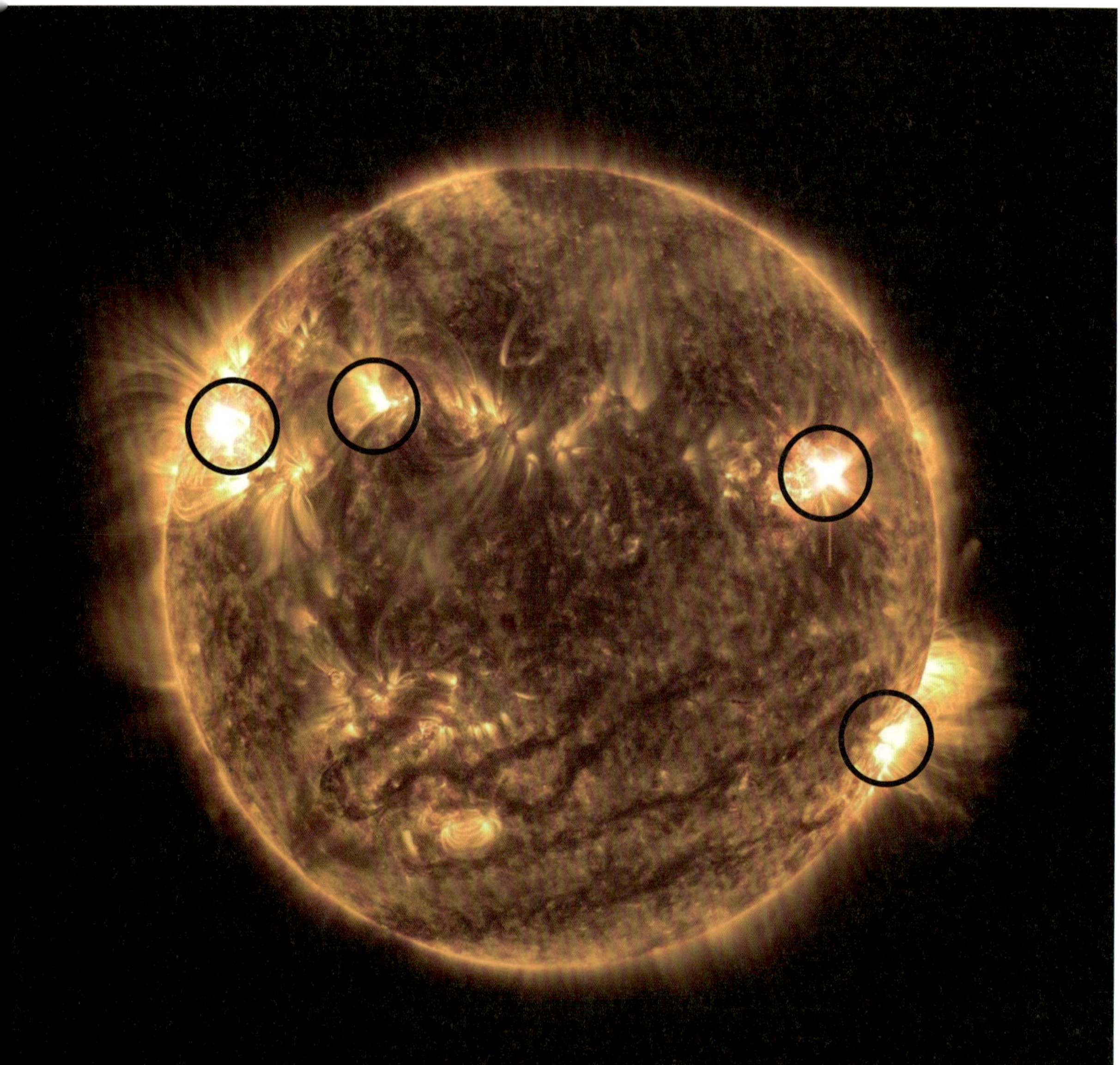

太阳耀斑（图源：NASA）

北极圈内绚丽多彩的极光（图源：杨志远）

太阳风是指从太阳的外层大气中射出的大量高能粒子。当这些粒子被地球磁场导引进入地球的大气层时，会与大气中的原子发生碰撞，从而产生绚丽的极光。

1.2 地月系统

地球的自转与公转

我们的地球每时每刻都在绕着地轴自西向东转动，这就是地球的**自转**。地球自转一周，相当于地球上的我们经历了一整个自然日。当地球的某一半面朝太阳时，那里就是白天；当地球的某一半背对太阳时，那里就是黑夜。这就是白天和黑夜的周期性循环。

地球的自转

太阳每天会从东边升起，又从西边落下。这是因为地球围绕地轴自西向东旋转。地球自转一圈需要 24 小时，在地球上不同地区生活的人迎来早晨的时间并不相同。如果我们将整个世界以小时来划分，可以分为 24 个时区。我国是一个横跨 5 个时区的国家，东起东九区，西至东五区。

地球在绕着地轴自转的同时，也在围绕着太阳**公转**。地球绕太阳公转一周的时间是一年。在一年的时间里，我们会经历不同的季节，分别是春、夏、秋、冬。由于地球的地轴与公转轨道平面存在夹角，因此公转过程中，太阳的直射点也会在地球的南回归线和北回归线之间进行周期性往返移动。这便是我们能在地球上大部分地区感受到四季分明、周期更替的根本原因。

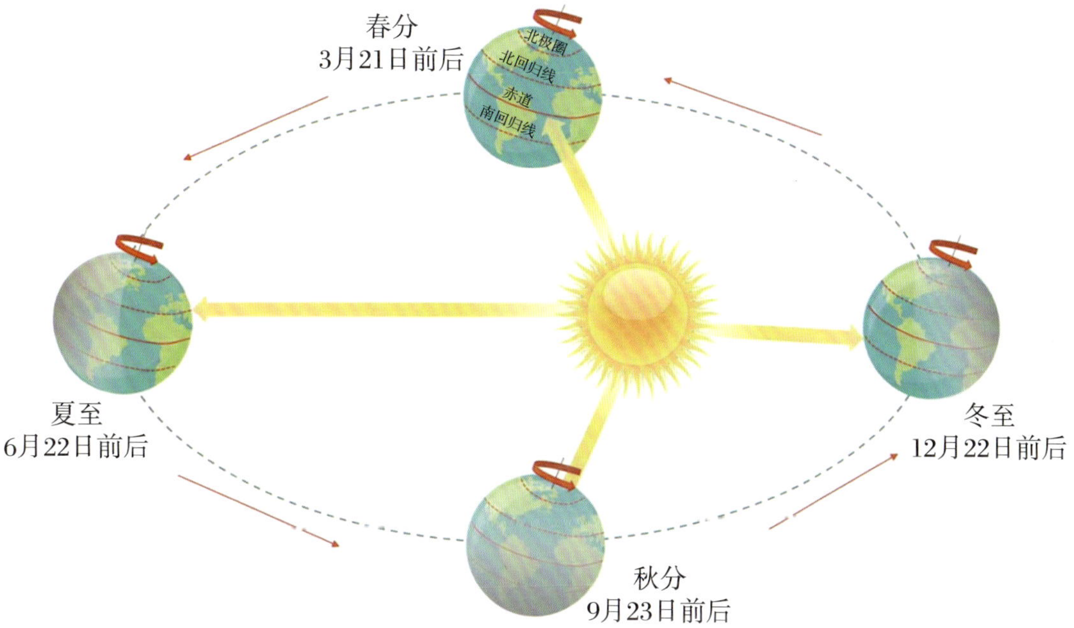

地球的公转：

春分，太阳直射赤道；

夏至，太阳直射北回归线；

秋分，太阳直射赤道；

冬至，太阳直射南回归线。

太阳直射点是地球表面与太阳光的夹角（即太阳高度角）为 90° 的地点，它同时也是地心与日心的连线与地球球面的交点。其中，太阳直射点所在经线的地方时为正午 12 时。

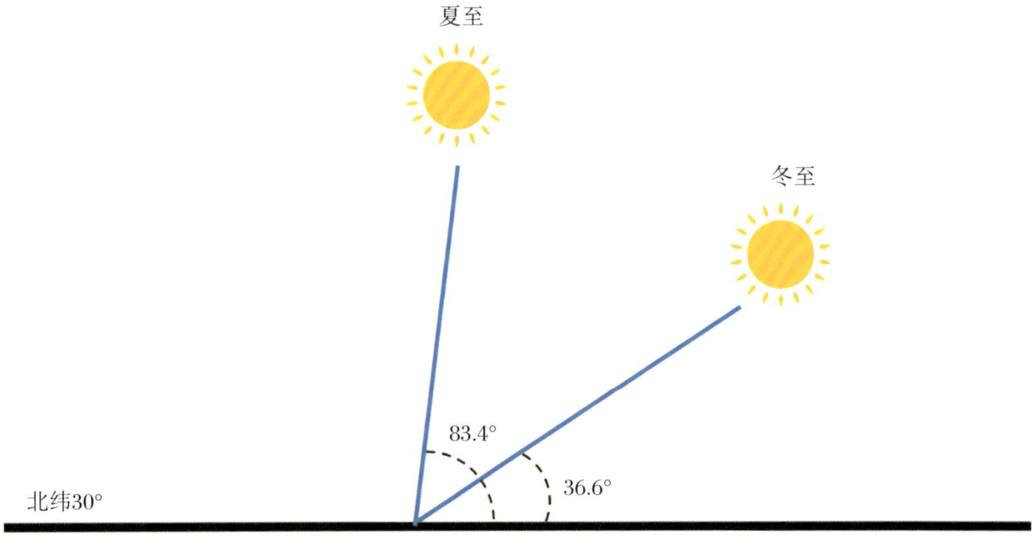

北纬 30° 太阳高度角变化情况

在一年四季中，我们生活的区域接收到的太阳能量越多，感受到的温度就越高。地球的公转位置决定了太阳直射点在地球上的位置，这使得地球上不同地区的太阳高度角也有所不同。当太阳直射北回归线时，北半球大部分区域的太阳高度角比较大，导致这些区域接收到的太阳能量较多，所以天气炎热，此时这些地方处于夏季；当太阳直射南回归线时，北半球大部分区域的太阳高度角比较小，导致这些区域接收到的太阳能量较少，所以天气寒冷，此时这些地方处于冬季。

对于太阳的“直射点”和“高度角”这两个概念，我们可能感到很陌生，但打个比方就很好理解了。可以把太阳想象成一个手电筒，地球表面想象成一本书。当手电筒的光直射到书本上（高度角大）时，光斑范围最小，单位面积收到的光能最大；当光斜射到书本上（高度角小）时，光斑范围变大，单位面积收到的光能就变小。

南半球和北半球以赤道分界，两侧的季节也完全相反。

地处北极圈内的俄罗斯摩尔曼斯克，每年都有极夜现象

7 月的澳大利亚正值冬季，天气寒冷，落叶枯黄

当北半球的中国处于夏季的时候，南半球的澳大利亚正处于冬季。当北半球向太阳倾斜的时候，高纬度地区的白天会变得特别长。在北极圈附近，夏至日可能会 24 小时都是白天，这就是极昼；此时的南极圈则会被漫长的黑夜笼罩，也就是极夜。夏天高纬度地区的白天更长，意味着接受阳光照射的时间更长，这对于农业生产来说可是天赐良机。丰富的阳光资源让农作物有更长的生长时间。有些农作物需要很长时间的阳光照射才能完成整个生长周期，它们在高纬度地区就能够顺利生长。

高纬度地区的粮食丰收（图源：北大荒集团尖山农场）

高纬度地区虽然冬天的气温很低，但夏天的气候却温和宜人，非常适合一些对温度要求不高的农作物生长，比如马铃薯和牧草。长时间的阳光照射和温和的气候有助于农作物积累更多的营养物质，提高产量。这在一定程度上弥补了高纬度地区其他自然条件的不足。

特征多样的气候条件助力高纬度地区的农业多样化发展。农民不仅可以耕种传统农作物，还可以种植一些特色农产品，如蓝莓、樱桃、黑木耳等，大大丰富了百姓的餐桌。

月球的自转与公转

月球俗称月亮，它是地球唯一的天然卫星。我们虽然有“日月同辉”的说法，但实际上月亮远比太阳小得多，太阳的体积大约是月亮的 6430 万倍。月球其实并不会发光，它只是把太阳的光线反射到夜空中，所以我们才能看到它。但由于月亮比其他星体离地球近得多，所以从地球上看，它在夜晚显得非常大。

月球（图源：NASA）

古人云“月有阴晴圆缺”，我们看到月亮的形状每天都在发生变化，有时是圆圆的，有时是弯弯的，这是由月球围绕地球公转造成的。

当月球位于地球和太阳中间时，太阳照在月球的正面，月球的背面正对地球，此时在夜晚我们看不到月亮，这就是我们所说的“朔月”。月球接着运动，会从弯弯的月牙逐渐变得饱满起来。当地球处在太阳和月亮中间时，月球的正面完全对着地球，这时候我们看到的是一轮圆圆的月亮，就是我们平时说的“满月”。

月球也在自转，它的自转周期是固定的，大约 30 天，也就是我们俗称的一个月。这意味着月球自转一周所需的时间与它绕地球公转一圈所需的时间是相同的。因此，我们在地球上永远只能看到月球的正面。2019 年 1 月 3 日，我国发射的“嫦娥四号”探测器成功在月球的背面软着陆，这是人类探测器第一次成功登陆月球背面并传回数据。

月球公转时的月相变化（未按比例绘制）

“嫦娥四号”拍摄的月背照片（图源：国家航天局）

满月的时候，我们可以清楚地看到月亮表面的阴影，这些阴影形状各异，大小不一。如果我们飞到月球上，就会发现那里有很多环形山、山脉和平原，当阳光照射下来时，地势低洼的地方就会产生阴影。

月球上的环形山主要是由亿万年前发生的大撞击事件形成的。高速移动的小行星撞击月球表面，形成了巨大的撞击坑，岩石、尘埃逐渐堆积起来，就成了环形山。它们的直径从几千米到几百千米不等，山体通常很高，有些甚至高达 5 千米，差不多有 3 座泰山那么高。

科学家通过研究月球上的环形山，可以了解月球早期剧烈撞击事件的历史，进而更好地了解整个太阳系的形成和演化过程。这对于理解地球和其他行星的形成也非常有帮助。

地球运动对农业的影响

古人根据四季变化的规律总结出二十四节气，恰到好处地描述了地球公转过程中，太阳直射点的变化规律。

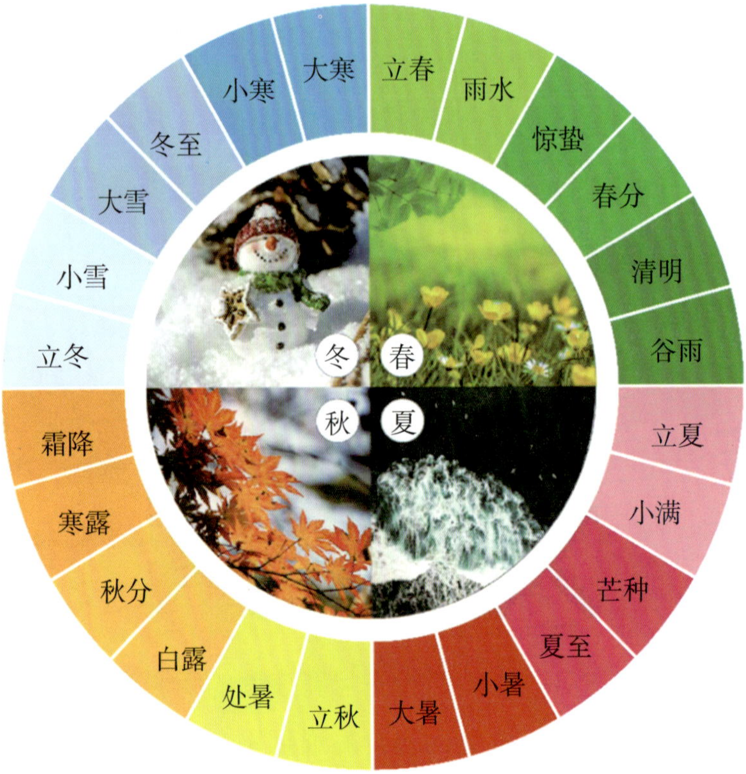

二十四节气作为一种太阳历，对中国古代的农业生产具有重要意义。根据二十四节气的变化，农民可以种植对应的农作物，进行施肥、浇水、收割等工作，保证了农作物的生长和产量。二十四节气是中华文明的瑰宝，也是中国人民勤劳和智慧的体现。为了便于记忆，人们编写了二十四节气歌诀：

传统廿四节气歌

春雨惊春清谷天，夏满芒夏暑相连。
秋处露秋寒霜降，冬雪雪冬小大寒。
每月两节不变更，最多相差一两天。
上半年来六廿一，下半年是八廿三。

延伸阅读

牛顿与万有引力

月球公转引起的月相变化是古代历法的重要依据，但是大家有没有想过，月亮为什么会绕着地球转呢？约 400 年前的一天，牛顿坐在自家庄园的苹果树下，看到一个苹果从树上掉落。牛顿望着那颗静静地躺在地上的苹果，心中涌起了无尽的好奇：为何苹果会落下，而不是向上飞去，或是飘向旁边呢？这个问题像一颗种子，在他的心中生根发芽。他开始设想：是否有一种无形的力量，将万物牵引向地心，不仅是这个苹果，甚至遥远的月亮也不例外？多年后，牛顿的这些想法汇聚成了著名的万有引力定律，揭示了宇宙万物间神秘的吸引力法则。

万有引力定律阐述了宇宙中任意两个物体之间都存在着相互吸引的力量，这个力的大小与两物体的质量成正比，与它们之间距离的平方成反比。也就是说，地球的质量大，我们受地球的引力就大，月球的质量小，我们受月球的引力也就小。当人类登上月球时，我们体验到的重力只有在地球上的六分之一。尽管人的质量没变，但重量会随引力场的不同而改变。因此，航天员在月球上感觉到的“轻盈”实际上是由于月球引力较弱导致的。

太阳系中的八大行星围绕太阳公转也是基于万有引力定律。太阳作为太阳系中质量最大的天体，其巨大的引力场控制着周围行星的运动轨迹。每个行星都在围绕太阳的椭圆轨道上运行，同时保持着自身的公转速度。如此一来，它们既不会被太阳吸引坠入相撞，也不会逃离太阳系，而是保持动态平衡。

1.3 太阳的光和能

太阳的光谱

太阳光的能量非常高，我们大多时候难以用眼睛直视太阳，也无法用肉眼直接观察到太阳的颜色。通常大家都认为，太阳光是一种白光。然而，既然我们生活中的很多物体并不会发光，比如衣服、食物和小动物等，那么为什么当太阳光照射在这些物体上时，它们会呈现出各种各样的颜色呢？有没有一种可能，太阳光其实是多种色彩的混合物呢？

在夏天的雨后，我们有时能观察到美丽的彩虹。我们常说，彩虹是由红、橙、黄、绿、青、蓝、紫这七种颜色组成的。同样地，当我们在太阳下吹出一个肥皂泡，可以看见肥皂泡表面也有“彩虹”。这是不是说明太阳光就是由这七种颜色的光组成的呢？

生活中的彩虹现象

彩色的肥皂泡

答案是：既对，也不对。使用一块三棱镜，我们就可以通过实验的方法稳定地得到不会消失的“彩虹”，科学家称之为太阳光的可见光光谱。这可以证明，我们人类肉眼可见的太阳光，确实是由上述七种颜色构成的。但是在我们肉眼不可见的光谱上，太阳光还包含红外线和紫外线，它们才是太阳光的主要组成部分，可见光只是太阳光中小小的一部分。然而，正是这一小部分可见光，给予了我们一个绚烂多彩的大千世界。

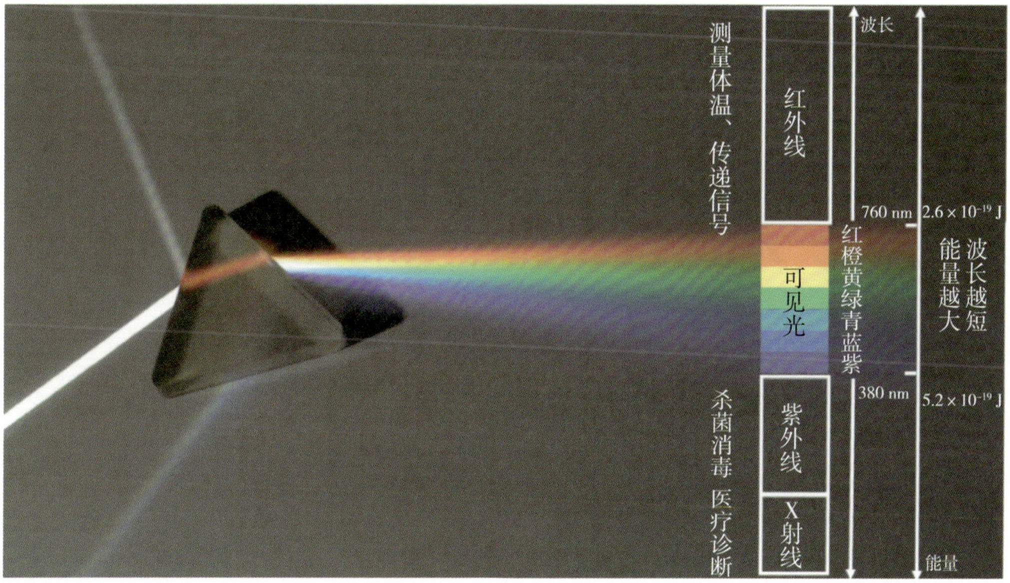

三棱镜分光现象

太阳的能量

太阳是地球上各种能量的源泉，它向地球输送的光和热被转化为多种能源形式，如化学能、风能、电能、水的势能等等。据统计，在一年时间内太阳辐射到地球表面的能量，相当于人类现有各种能源在同一年中所提供能量的上万倍。正因为太阳向地球源源不断地输送能量，我们的世界才变得精彩缤纷起来。

例如，植物通过光合作用将太阳光中可见光部分的能量转化为有机物；当兔子等食草动物摄入草、树叶等有机物以后，太阳的能量就转移到兔子身上；当老鹰捕食兔子之后，太阳的能量又转移到老鹰身上。

太阳能量的转移过程

随着社会的发展和人口的增长，人类对于能源的需求越来越大。而目前，石油、煤炭等不可再生能源日渐枯竭，全球变暖日益加剧。这都迫使我们必须提高可再生能源的使用占比。

太阳能就是一种重要的可再生能源，它取之不尽、用之不竭。人类目前将太阳能转化为电能有两种方式：聚光太阳能热力发电和光伏发电。在稍后的第 4 章中，我们会为大家具体介绍。

小实验①：制作简易日晷

日晷，是古时候人们依靠太阳来在一天范围内进行计时的仪器，其原理就是利用太阳的投影来确定时辰。史料记载，4000 多年前的古埃及就有日晷的存在，且后来其他文明古国，包括中国、古希腊和古罗马也都有使用日晷的记录。制作并学会使用日晷，能加深我们对于太阳高度角和方位角的认识。

实验材料

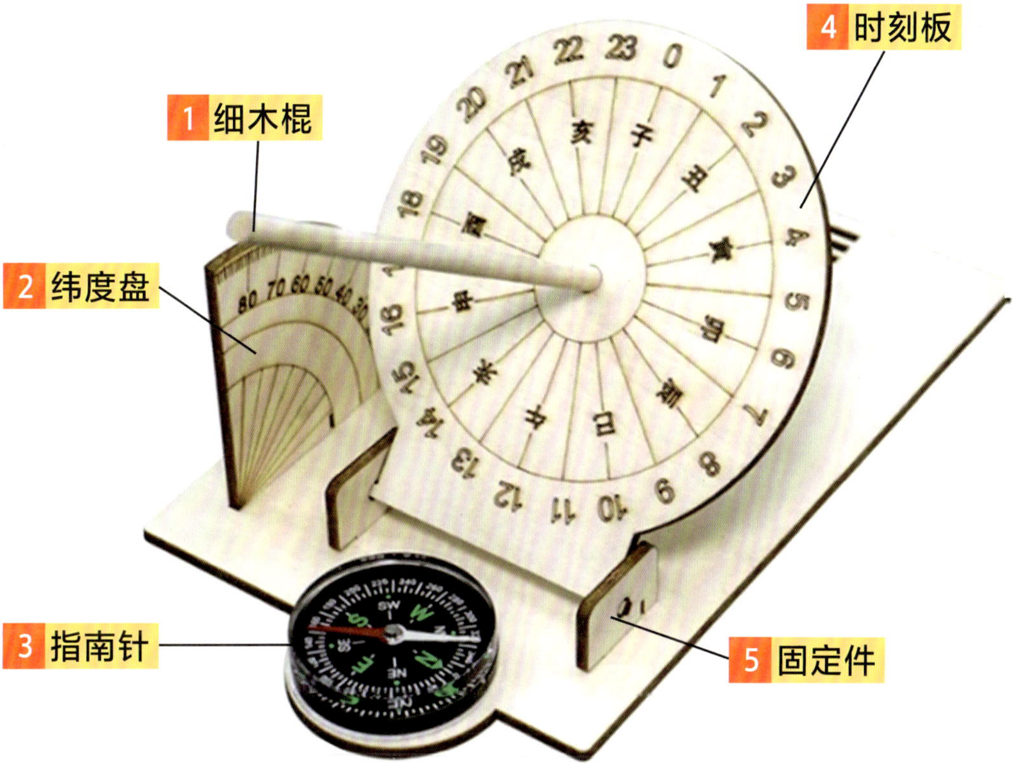

实验步骤

（1）将纬度盘、时刻板、指南针安装在指定的位置。

（2）在时刻板中心插上细木棍，参照纬度盘，将时刻板平面与所在地区纬度对齐，并固定好。

（3）根据指南针的指向，将整体器件的朝向调整至正南方向。

（4）观察一天中不同时刻指针（细木棍）阴影的位置变化，了解日照时间与季节变化的关系。

想一想

1. 一天中的不同时刻，日晷上指针阴影的长度是否有变化？这是为什么？

____

____

____

____

____

____

____

2. 日晷在历史上被人类多个文明古国所使用，但进入近代以后逐渐被各类钟表所取代。那么日晷相对于时钟，有哪些缺点呢？

____

____

____

____

____

____

____

第 2 章

追寻光的足迹

光是什么？

2.1 神奇的光

光从太阳出发到达地球，为我们的世界带来缤纷的色彩。那么，光到底是什么？它在我们的世界中又扮演着怎样的角色呢？

光源有哪些？

光是我们生活中不可或缺的一部分。你知道吗，光源可以分为自然光源和人造光源。

自然光源是大自然赠送给我们的礼物，比如太阳、星星、会发光的小生命等。太阳是最主要的自然光源，它像一颗超级灯泡，照亮了整个世界。没有太阳，我们的地球会变得寒冷且黑暗，不会有任何生命。太阳不仅带来了光明，还提供了温暖和能量，使植物可以进行光合作用，制造食物。

当夜幕降临，天空中会出现无数闪烁的星星。星星也是自然光源，它们远在宇宙的另一端，像无数小灯泡点缀着夜空。星星不仅美丽，还能为我们导航。在古代，水手们就已经学会通过观察星星的位置来确定船只的航行方向了。

萤火虫是一种神奇的昆虫，它们能够发光，像小小的灯笼在夜空中飞舞。萤火虫的光是通过体内的一种化学反应产生的，这种现象叫作生物发光。萤火虫的光不仅能用来吸引伴侣，还可以吓跑敌人。自然界中还有许多小生命也进化出了发光的技能，比如一些种类的水母。

人造光源包括电灯、蜡烛、手电筒等，这些光源是我们人类通过各种方法制造出来的。电灯是最常见的人造光源，它的发明彻底改变了人类的生活方式。一只只温暖的灯泡化身为光明的守护者，照亮了房屋和街道，让原本沉寂的夜晚变得温馨。

在电灯发明之前，人们主要依靠蜡烛来照明。蜡烛通过燃烧蜡芯发出柔和的光。但在古代，当蜡烛是夜晚唯一的照明方式时，这种“柔和”也意味着昏暗和不稳定，稍有大风蜡烛便会熄灭。

手电筒则是我们在户外探险时的好伙伴。它体积小巧，依靠电池提供能量，方便随身携带。当我们在黑暗中需要照明时，只要按下开关，手电筒就会射出明亮的光线。你有没有在夏日的夜晚，用手电筒照亮四周，寻找小昆虫的经历呢？

变化的光速

太阳距离地球大约 1.5 亿千米，即使是人类最快的歼击机，也需要 5 年的时间才能飞完全程，但太阳的光只需要 8 分钟就能到达地球。因此，“光速”成为了我们对“快”这一概念的最佳注解。

光是如何传播的呢？真空是光行驶的理想“道路”，没有任何阻碍，光能达到最快的速度——3×10^8 米 / 秒。光需要约 8 分钟从太阳到达地球，所以我们看到的太阳光，其实是 8 分钟前太阳发出的光。

虽然光在真空中是“超级快车”，但当它进入不同的介质（比如空气、水、玻璃）时，速度会发生变化。光在介质中的速度取决于介质的密度。一般来说，光在密度较大的介质中传播速度较慢。

三棱镜能演示光在空气—玻璃—空气中的传播过程

空气在我们周围无处不在，尽管其密度比真空稍微大一些，但光在空气中的传播速度仍然非常快，大约是 2.99×10^{8} 米 / 秒，几乎和在真空中的速度一样，所以我们很难察觉到光在空气中减速。当光进入水中，它的速度就会明显减慢。光在水中的速度大约是 2.25×10^{8} 米 / 秒，比在空气中慢得多，这是因为水的密度比空气大得多。而玻璃是一种更密的介质，当光通过玻璃时，速度会进一步减慢，大约是 2×10^{8} 米 / 秒。你有没有注意过，当阳光透过玻璃窗时，光线在玻璃的边缘会发生弯曲？这就是光速在不同介质中的变化所导致的现象——折射，我们将会在下文中揭开它神秘的面纱。

2.2 光的直线传播、反射与折射

成像原理——光沿直线传播

光在同一种介质中是沿直线传播的。在黑暗的房间里，用聚光手电筒照射墙壁，你会看到光的路径是一条直线。无论是在空气、水还是玻璃中，只要是同一种介质，光就会沿直线传播。这是因为在同一种介质中，没有什么能阻挡它或改变它的方向。

小孔成像的现象就很好地证明了光沿直线传播的原理。当蜡烛的光线穿过一个小孔时，只有一小部分光会通过，这些光线会在对面的屏幕上形成一个倒立的像。蜡烛火焰上端的光线沿直线穿过小孔后，到达屏幕的下端；火焰下端的光线沿直线穿过小孔后，到达屏幕的上端。因此，屏幕上的像是倒立的。

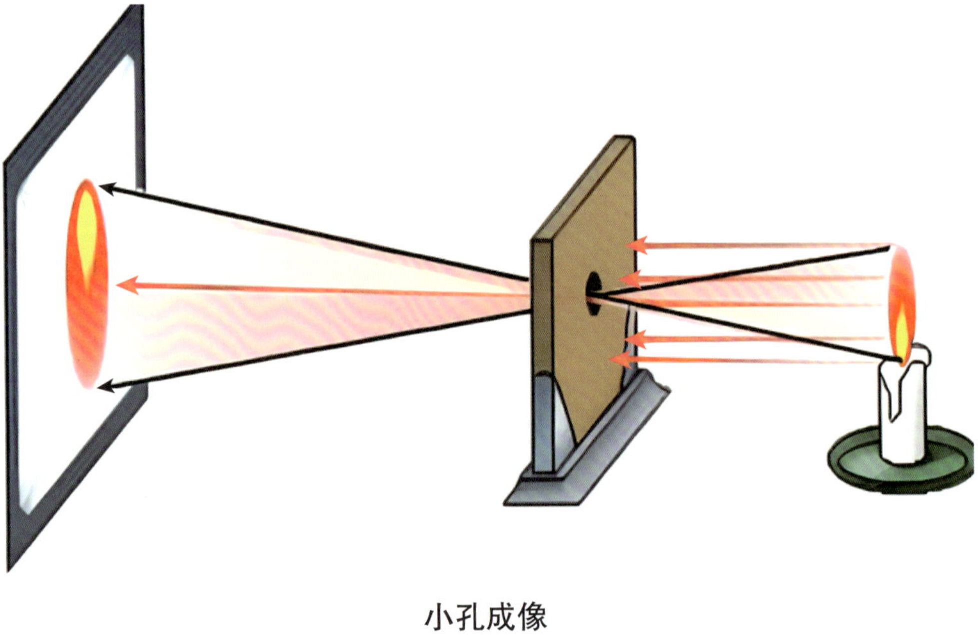

小孔成像

我们的日常生活中有许多小孔成像的应用。例如，针孔相机没有镜头，就是通过小孔让光线进入相机，在内部的胶片上形成影像。此外，在阳光明媚的日子里，树荫下会有许多小光斑。这实际上也是小孔成像现象：当阳光穿过树叶间隙形成的小孔时，每个小孔都把太阳的影像投射到地面上，于是形成了光斑。

光与镜子的魔术——光的反射

你有没有想过，当你站在镜子前面时，为什么能看到自己的像呢？这是因为当光线遇到镜子这样光滑的表面时，会发生镜面反射。反射就像光线的“弹球游戏”。想象一下，把一个小球扔向墙壁，小球会弹回来。当光线遇到镜子时，也会像小球一样弹回来，这就是反射现象。

反射有一个非常重要的规则，叫作反射定律。这个定律告诉我们，当光线射到镜子上时，入射角（i）和反射角（r）的大小是相等的。法线（ON）是在光线射到表面时，与表面垂直的一条假想出来的线，它可以帮助我们定义入射角和反射角。入射角是入射光线与法线之间的夹角，反射角则是反射光线与法线之间的夹角。镜子正是利用这一原理将物体的影像反射回来，从而让我们看到镜中的自己。

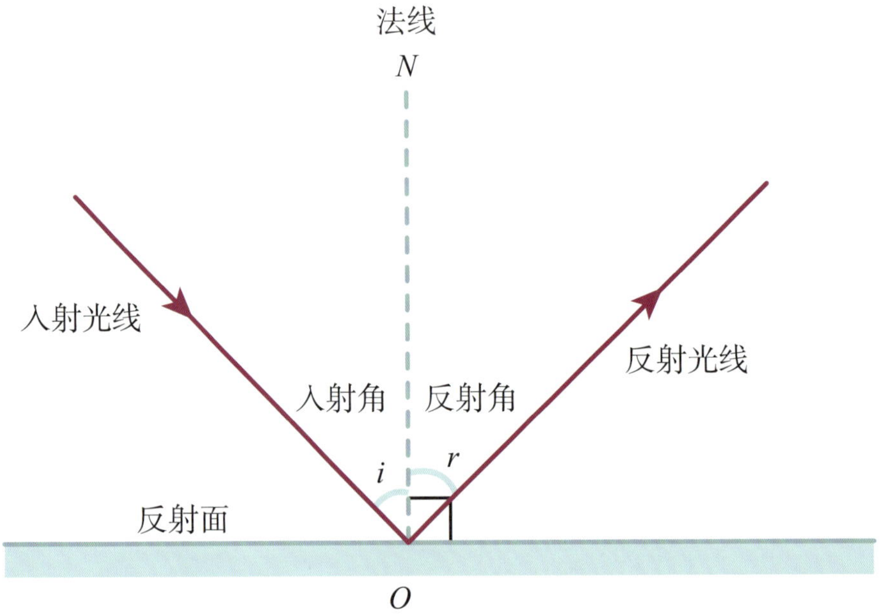

光的反射

光的反射在我们的日常生活中无处不在：平静的湖面像一面大镜子，反射出天空和树木的倒影；汽车的后视镜也是利用反射原理，让驾驶员能看到后方的情况，确保了驾驶安全。

然而，光的反射并不仅仅发生在光滑表面上，当光线射到粗糙表面时，会发生漫反射现象。想要理解漫反射，我们可以把粗糙表面无限放大，把它看成由方向各异的无数个小镜面拼接而成的，当光线射到这种表面时，每段微小的镜面都会将光线反射到不同的方向去。反射的光线向各个方向散射，使得物体表面在不同角度都能看到。教室里的黑板就是一个经典的漫反射例子。当光线射到粗糙的黑板表面时，光线会向各个方向散射，使得我们无论站在教室的哪个位置，都能清晰地看到黑板上的字。黑板的漫反射特性还会防止大量光线同时反射到学生的眼睛里，避免了眩光问题，提供了良好的视觉效果。

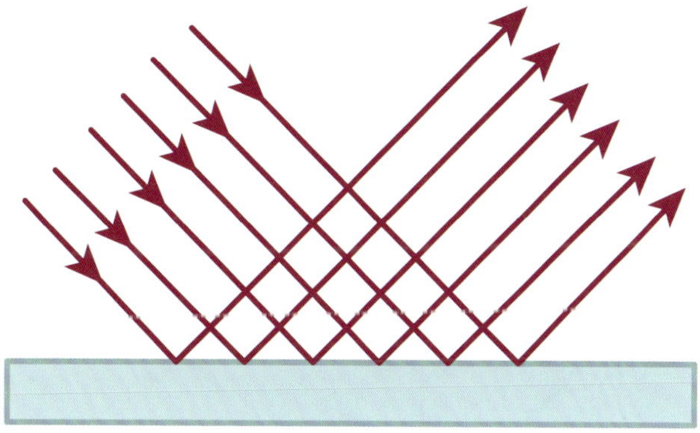

镜面反射

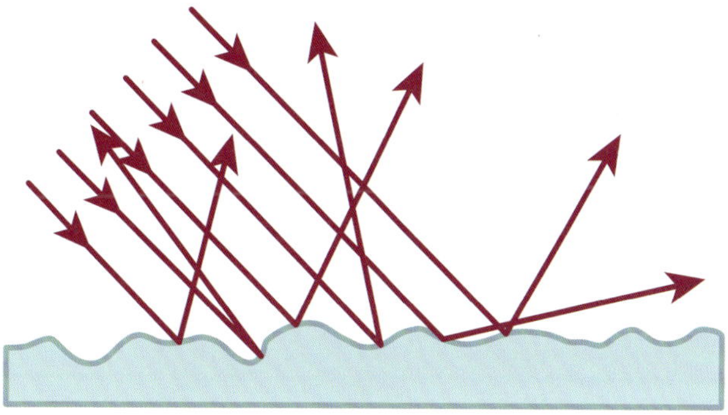

漫反射

光线弯曲之谜——光的折射

前文中我们已经提到，光在不同介质中传播速度不同。当光从一种介质进入另一种介质时，传播速度的变化会导致光线偏转，这就是折射现象。例如，将一根铅笔插入水中，你会发现铅笔在水面处看起来弯曲了。产生这种现象的原因是，光在空气中的速度比在水中的速度快，所以当光从空气进入水中时，它的速度减慢，导致传播方向发生了改变。

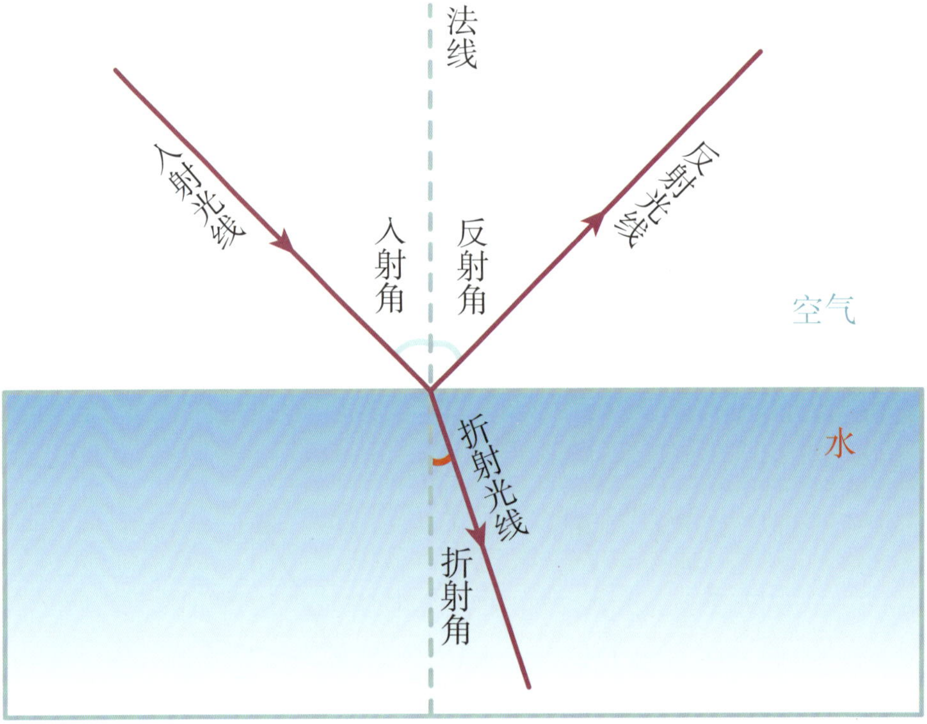

光的折射

为了帮助我们理解光在不同介质中传播速度变化的程度，科学家提出了折射率的概念，一种介质的**折射率**就是光在真空中与在这种介质中传播速度的比值。因为不同介质的折射率不同，所以光在进入不同介质时会发生折射，改变传播方向。而利用简单的数学，我们甚至不用实验，就可以直接算出光线在某种介质中折射程度的大小。通常我们将某种介质的折射率记为 n，那么 n 就等于光在真空中的速度 c 除以光在这种介质中的速度 v：

$$n=\frac{c}{v}$$

真空的折射率是 1，光在真空中的速度也是最快的。而其他介质的折射率都大于 1，例如空气的折射率约为 1.0003，水的折射率约为 1.33。可见，光在水中的速度会明显变慢，这也就解释了为什么铅笔插入水中部分所成的像会发生明显的弯曲。

我们的生活中还有许多有趣的折射现象：雨后的阳光穿过空中微小的水珠时，光线发生折射，分解成七彩光谱，于是我们看到了美丽的彩虹；潜水眼镜利用折射原理，使光线能够正确地进入我们的眼睛，让我们在水中也能看到清晰的景象；放大镜通过折射原理，改变光线的传播方向，让我们看到放大的物体细节……

小实验②：制作人工彩虹

制作人工彩虹的实验源自牛顿的光学实验。牛顿通过三棱镜将白光分解出七彩光谱，从而揭示了白光是由多种色光组成的这一科学事实。牛顿的这一发现奠定了现代光学的基础，对后来的科学研究产生了深远的影响。让我们通过重现牛顿的经典实验，进一步理解光的折射现象。

实验材料

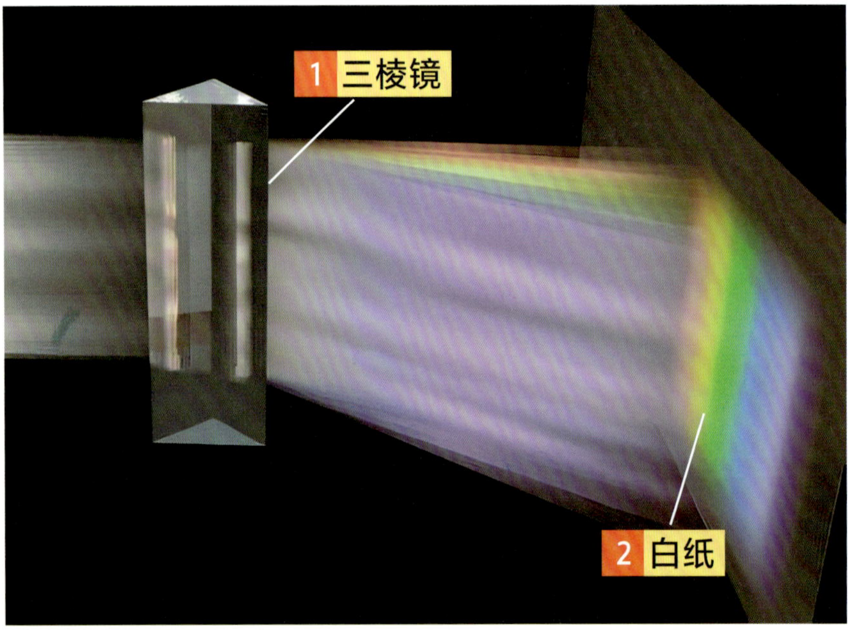

实验步骤

（1）将三棱镜置于阳光下。

（2）让阳光透过三棱镜的侧边，照射到白纸上。

（3）观察白纸上的彩色光带。

想一想？

1. 如果把实验中的三棱镜替换为折射率更高的材质，白纸上看到的彩色光带会变宽、变窄，还是不变？

2. 你能否用其他生活中常见的物品和自然现象，制造出人工彩虹？

2.3 几何光学与光伏发电

几何光学是研究光的传播路径及其反射、折射和成像等现象的学科。它在我们的日常生活和科技发展中有着广泛的应用：眼镜通过折射改变光的传播路径，帮助人们矫正视力；激光雷达则利用光束的反射探测周围物体，助力汽车的智能驾驶；相机的镜头将光线聚焦到感光元件上，拍摄清晰的图像……

光伏发电是一种将太阳能转化为电能的新兴清洁能源形式（我们会在第 4 章详细介绍），而它毫无疑问需要尽可能多的太阳光。那么，几何光学是如何应用于光伏发电的呢？

全向部署的激光雷达利用光路反射的原理实时探测汽车周围的情况
（图源：小鹏汽车）

几何光学在光伏发电领域的应用主要体现在聚光技术上，通过使用透镜和镜面系统（相当于玻璃和镜子的组合）来会聚阳光，增强接收到的光的强度，从而提高光伏电池的效率。

一种聚光设备是**菲涅耳透镜**，它和传统放大镜（普通凸透镜）在基础光学功能上是相似的，两者都能将平行光会聚到一个焦点。然而，与传统透镜相比，菲涅耳透镜更轻薄，制作成本更低廉。它由一系列同心环组成，每个环都是一个独立的小透镜。当阳光通过菲涅耳透镜时，这些同心环将光线折射并聚集到一个焦点上，形成高强度的光斑。

放大镜与菲涅耳透镜

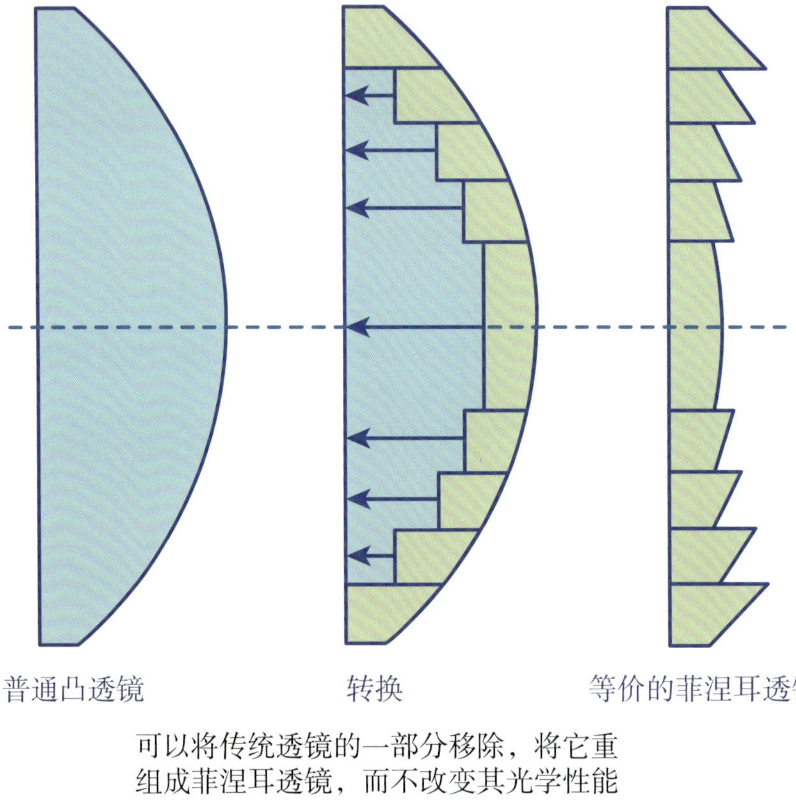

菲涅耳透镜的结构原理（图源：Scotland Lighthouse）

菲涅耳透镜通常用于聚光光伏系统，通过将太阳光集中到光伏电池上，增加电池的输出功率

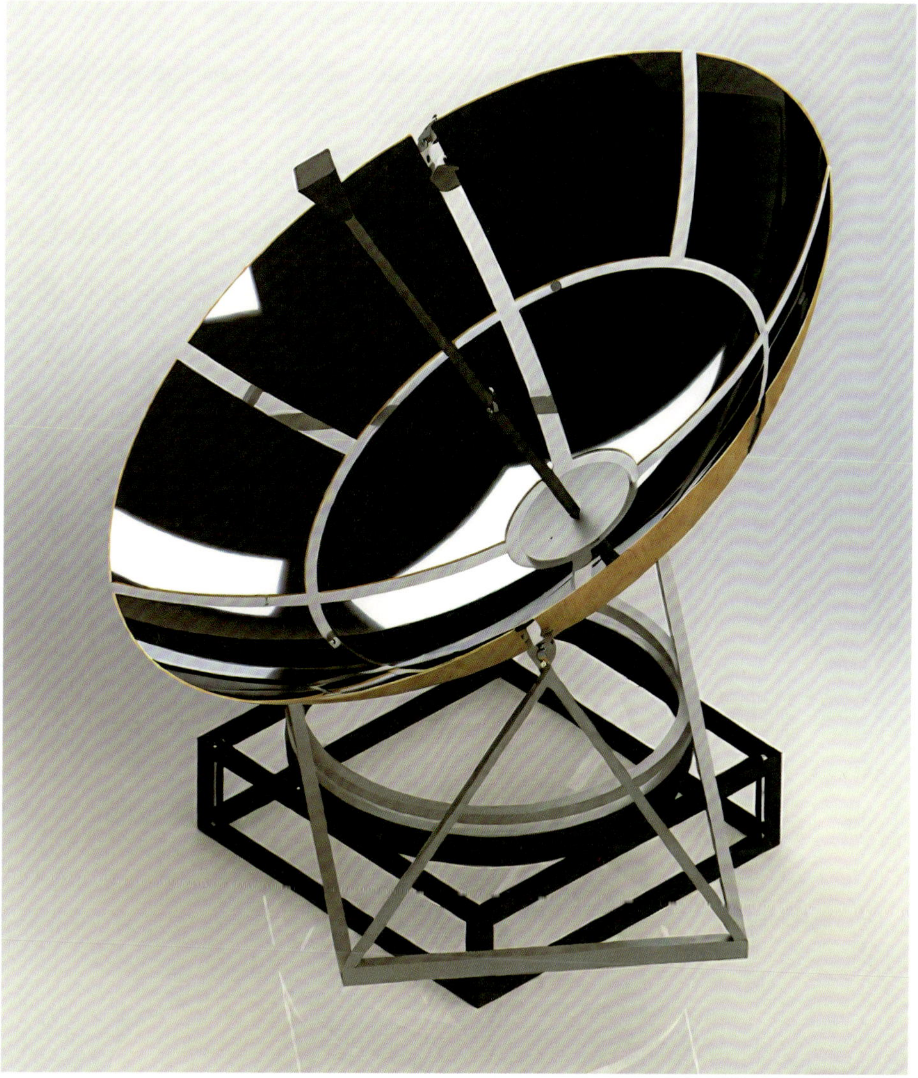

抛物面聚光器

另一种常见的设备是**抛物面聚光器**，它是一种具有抛物线形状的反射镜，能够将入射的平行光线聚集到一个焦点上。它广泛应用于需要高效率光能集中的场合。抛物面聚光器的形状设计使得所有平行于其轴线的入射光线在反射后都通过焦点，这个焦点位置光线集中，形成高强度的光斑。当阳光平行射入抛物面时，光线会反射并会聚到焦点，使光能高度集中。

几何光学在光伏发电领域的应用充分利用了光的反射和折射原理，通过菲涅耳透镜和抛物面聚光器，大大提高了太阳能利用效率。

小实验③：凹面镜聚光术

凹面镜聚光术的实验灵感来源于古代人们利用凹面镜点火的技术。凹面镜具有聚光的特性，当平行光线照射到凹面镜时，会被会聚到一个焦点上，这个焦点的温度可以非常高，从而引燃纸片或其他可燃物。这一原理在中国、古希腊和古罗马的火种保留与点火技术中都有广泛的应用。

通过制作并使用凹面镜，我们可以直观地理解光的反射与聚焦原理，以及太阳能的集中利用，这对于以后学习光学和可再生能源有重要意义。

实验材料

1 凹面镜

2 纸片

实验步骤

（1）在正午时刻，将凹面镜对准太阳。

（2）让光线会聚在一张纸片上，调整纸片到镜子的距离，当光斑最小且最亮时固定。

（3）观察纸片是否变热或燃烧。

注意：由于本实验可能导致纸片引燃，须在成年人监护下操作；凹面镜对准太阳时切勿直视反射光。

想一想

1. 实验中来回移动纸片到凹面镜的距离，光斑的大小是如何变化的？

2. 相传，古希腊人使用凹面镜聚光，点燃了古罗马入侵舰队的船帆，从而击退了敌军。你认为这个故事可信吗？为什么？

延伸阅读

光的波粒二象性

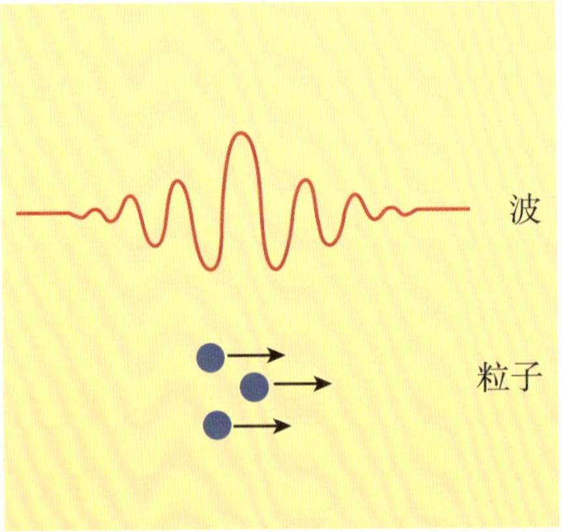

光是自然界中最常见的现象之一，你可能每天都在阳光下玩耍，或者晚上在灯光下看书。但光到底是以什么形式存在的呢？千百年来，人们一直知之甚少。直到近代，随着各种实验仪器和物理理论的发展，科学家逐步总结出了光的波粒二象性理论。

根据这一理论，光有两种“魔法变身”——波和粒子。光作为波时，是由电场和磁场交替变化产生的，沿着特定的路线传播。可以想象一下汹涌的大海，海水只有随着起伏的波浪才能不断移动。光也是这样，以波的形式向遥远的地方传播。

光作为粒子时，被称为光子。它们像小小的魔法子弹，从一个地方出发，穿越宇宙的每一个角落。每当我们打开手电筒，里面就会有成千上万的光子飞出来，照亮你前面的路。光可以传递能量。每一个光子都带着一点点能量，像是一个小小的能量包。当光子撞到物体时，它会把这份能量传递出去。为什么阳光能够让我们感到温暖，就是因为无数的光子不断地把能量送到我们身上。光子的能量也决定了它们的颜色：高能量的光子是蓝色的，低能量的光子是红色的。彩虹中的七种颜色就是由不同能量的光子组成的，所以天边的红、橙、黄、绿、青、蓝、紫，其实是不同能量的光子在向我们打招呼。

有趣的是，光不仅仅是波，也不仅仅是粒子，它同时拥有这两种身份。这就是科学家所说的“波粒二象性”。所以，光既像波浪一样在空间中跳舞，又像子弹一样在空间中穿行。这个奇妙的特性让光变得更加神秘和有趣。

第3章

现代文明的出发点

电的产生和应用

3.1 电是什么？

电本就存在于自然界，并不是由人类发明的，它只是被人类发现并加以利用。电的发现和应用极大地减轻了人类的体力劳动和脑力劳动负担，为人类的力量装上了翅膀，使人类的信息触角不断延伸。先让我们环顾四周，看看桌上那能照亮书本的台灯，手腕上那能告诉我们时间的电子表，家里那能播放精彩节目的电视机，还有立在墙边那能在炎热夏天或者寒冷冬天给我们带来舒适温度的空调，它们都离不开电的驱动。那么，你有没有想过，电是什么？

电的发现

早在 2500 年前，人类就注意到一些带电的现象。古希腊人发现：用毛皮摩擦琥珀后，琥珀就能吸引绒毛等小东西。他们认为在琥珀中存在一种特殊的神力，并把这种神力叫作“电”。我国汉代古书《淮南子 · 坠形训》中亦有记载，认为打雷、打闪等现象是“阴阳相搏为雷，激扬为电”。这是已知人类最早对一些电现象的认识，可那时的人们受限于原始的研究条件，还无法深入探究电的性质。

直到两三百年前，科学家才逐渐弄明白电是什么。本杰明 · 富兰克林在 1747 年提出了一个想法：电是一种轻得像空气一样的流体，它存在于所有物体中。如果一个物体有比平常多的电，就叫作带“正电”；如果比平常少，就叫作带“负电”。电从正电流向负电的过程就叫“放电”。虽然富兰克林的想法后来被证明并不完全正确，但是他提出的“正电”和“负电”的名称，以及电流的方向，至今我们还在使用。

本杰明 · 富兰克林（1706—1790）

富兰克林还做过一个非常危险的实验。他在雷雨天用风筝引导了闪电，这个实验帮助他发明了避雷针。避雷针可以保护房子不被雷电击毁，是人类避免雷电危害的一项重大发明。

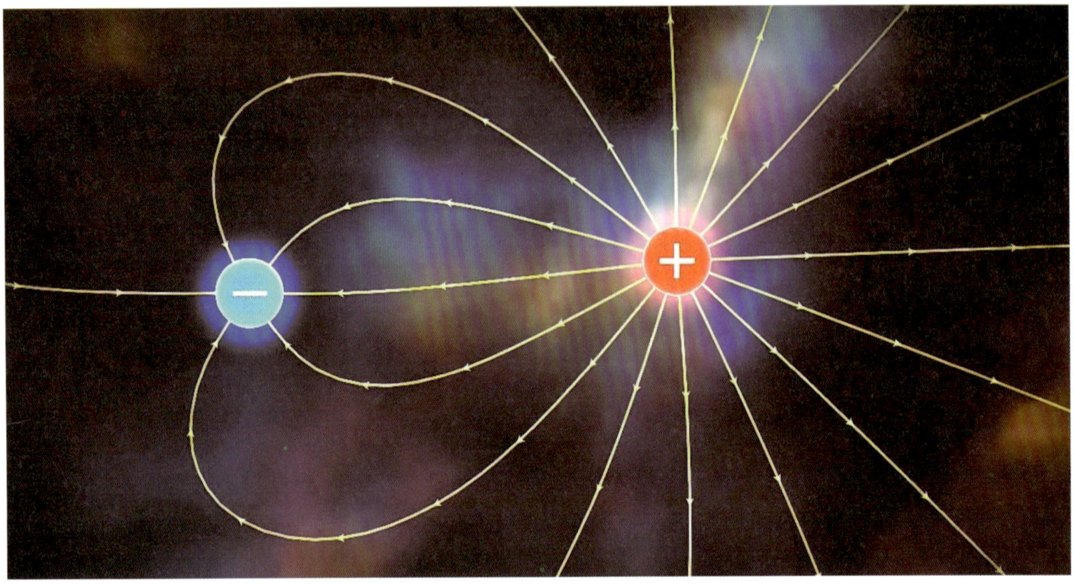

正电与负电

迈克尔·法拉第（1791—1867）

1831 年，英国物理学家、化学家迈克尔·法拉第发现了由磁产生电的原理，称之为“**电磁感应**”。第二年，受法拉第发现的启示，法国人皮克希制成了最初的发电机。1867 年，德国发明家西门子对发电机进行了重大改进，制成了可以产生强大电流的应用型发电机。在 20 世纪 50 年代美国贝尔实验室研制出基于光伏效应的太阳能电池之前，基于电磁感应的发电机一直是人类唯一的实用化发电方式，现代水力发电站、火力发电站、风力发电机、核电站，其核心原理一脉相承。

自从人类掌握了有效的发电方法后，电的应用也走上了康庄大道。1854 年，亨利 · 戈培尔使用一根炭化的竹丝，在一个真空的玻璃瓶里通电让它发光，这是早期电灯的原型。接着在 1879 年，托马斯 · 爱迪生成功试制了第一只实用的电灯泡。这些发明彻底改变了我们的生活，让夜晚也能亮如白昼。

《时代》杂志封面上的爱迪生

但是，在我们了解电磁感应如何发电之前，还必须先“解锁”它的前置概念——磁场。

磁铁和磁场

在我们的世界里，有一种特别神奇的石头，它不需要触碰，就能让其他东西靠近或者远离它，这就是磁铁。它能吸引一些特定的金属物品，比如铁钉、回形针和铁罐头盖。我们可以用磁铁做很多有趣的实验和游戏。

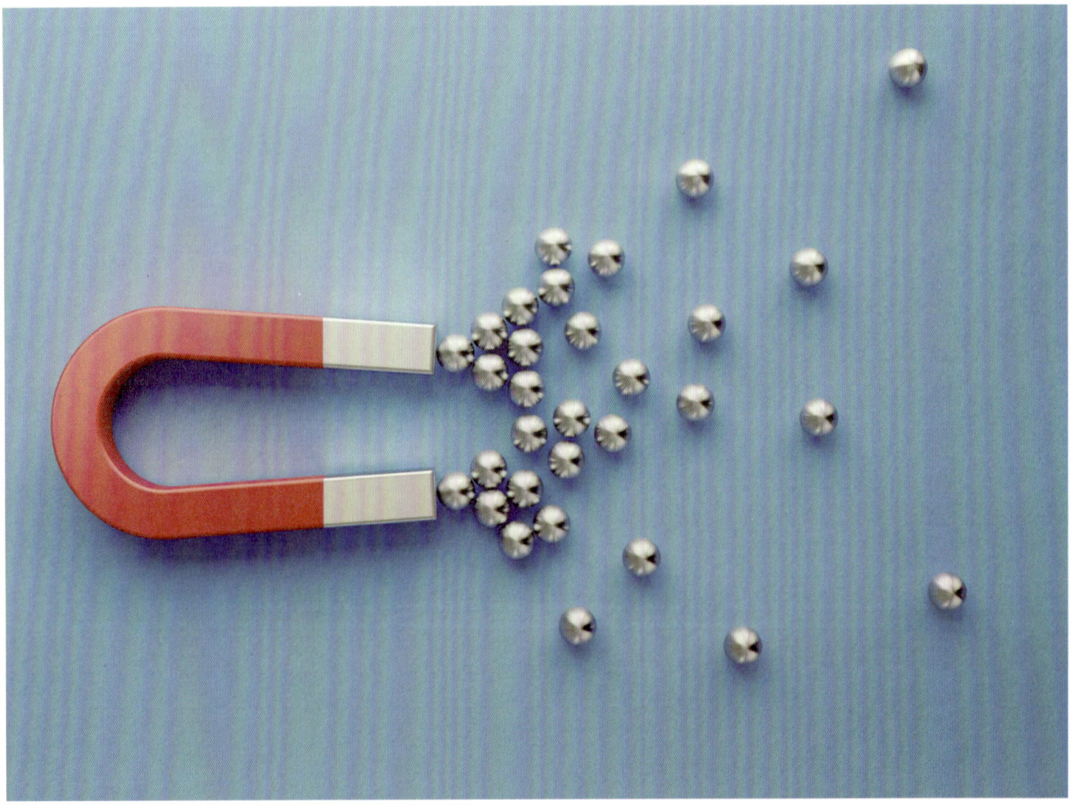

磁铁有一种看不见的力量，叫作磁力。磁力能把铁钉吸过来，但无法吸住塑料或木头制品。磁铁分为两端，一端叫北极（N 极），一端叫南极（S 极）。当一块磁铁的北极对着其他磁铁的南极，或者南极对着其他磁铁的北极时，两块磁铁就会紧紧地吸在一起；如果北极对着北极、南极对着南极，两块磁铁则会努力地分开。这就是“同性相斥、异性相吸”。

我们已经注意到，只有当铁钉进入磁铁附近一定范围时，才会被吸引，这个范围正是磁铁的**磁场**。磁场是一个我们看不见但能感受到的力场，它能让具有磁性的物体，比如磁铁，相互吸引或排斥。通过铁粉实验等方式，我们可以直观地看到磁场的方向和形状。

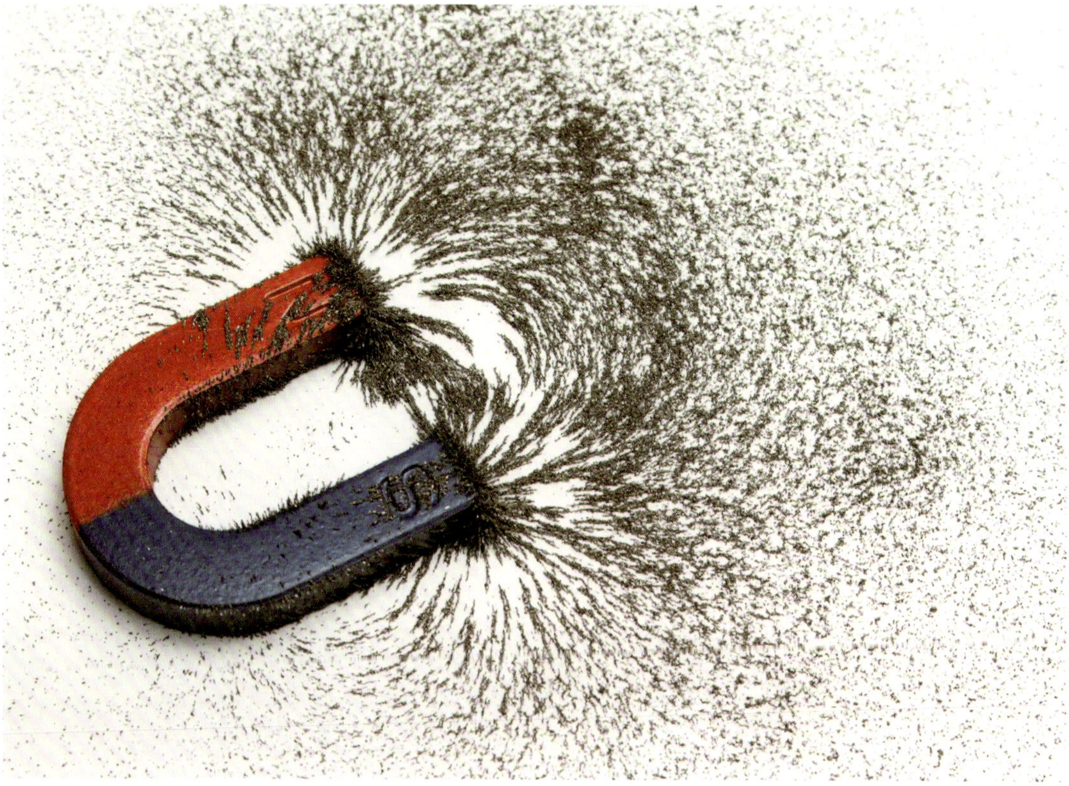

磁铁下面铺上铁粉，轻轻振动一下桌面，隐形的磁场便无处遁形

那么，为什么磁铁内部会产生如此特殊的磁力呢？这是一个很复杂的问题，但我们可以用简单的方式来解释它。一块磁铁的内部，可以看作是由无数个可以调整方向的微小区域（称为“磁畴”）组成的。它们本身方向各异，整个物体不显现磁性。在外界磁场的作用下，这些微小区域会转向同一方向排列，就像操场上本来各自玩耍的学生突然听到广播，站成了统一的队列。当撤去外部磁场后，一部分微小区域无法恢复原样，于是整个物体就对外显现磁性，成为一块永磁铁。此时，它就具备了同性相斥、异性相吸的能力。

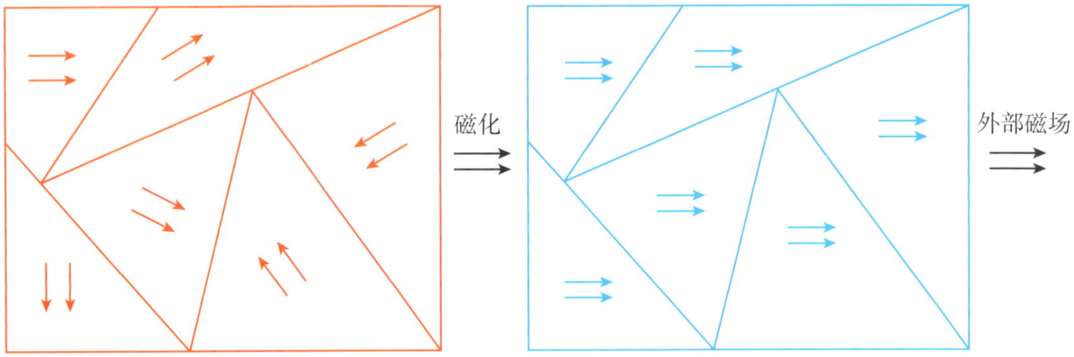

铁磁性物质内部原先的磁畴　　磁化后的磁畴

其实，我们所在的地球就是一个大磁铁，它也有北极和南极（当然，地磁南、北极和我们常说的地理南、北极并不是同一个概念）。我们在第 1 章中提到，太阳活动会释放出带电粒子和高能辐射，形成太阳风。太阳风中的带电粒子会被地球磁场引导，在地球周围形成一个磁层，这个磁层阻止了大部分后续有害粒子进入地球的大气层。这样，地球上的环境和生物就得到了保护。可以说，地磁场为地球上的我们撑起了一顶巨大的伞，挡住了来自太阳的“暴风骤雨”。

电磁感应

电磁感应所描述的是一种磁生电的现象，这种现象在一个导体（比如一根铜线）移动穿过磁场时就会发生。前文说到，磁场是看不见的，那么我们如何来描述它的范围和方向呢？法拉第提出用**磁感线**来描述磁场。磁感线是一条条由我们假定的线，它们从磁体北极（N）出发，沿着磁场方向走到磁体南极（S），用来表示磁场的分布和方向。法拉第发现，当我们移动铜线，从一条条磁感线中横穿时，铜线中出现了电流。这个动作被形象地描述为“切割磁感线”，这种电流就叫作“感应电流”。

磁铁玩具

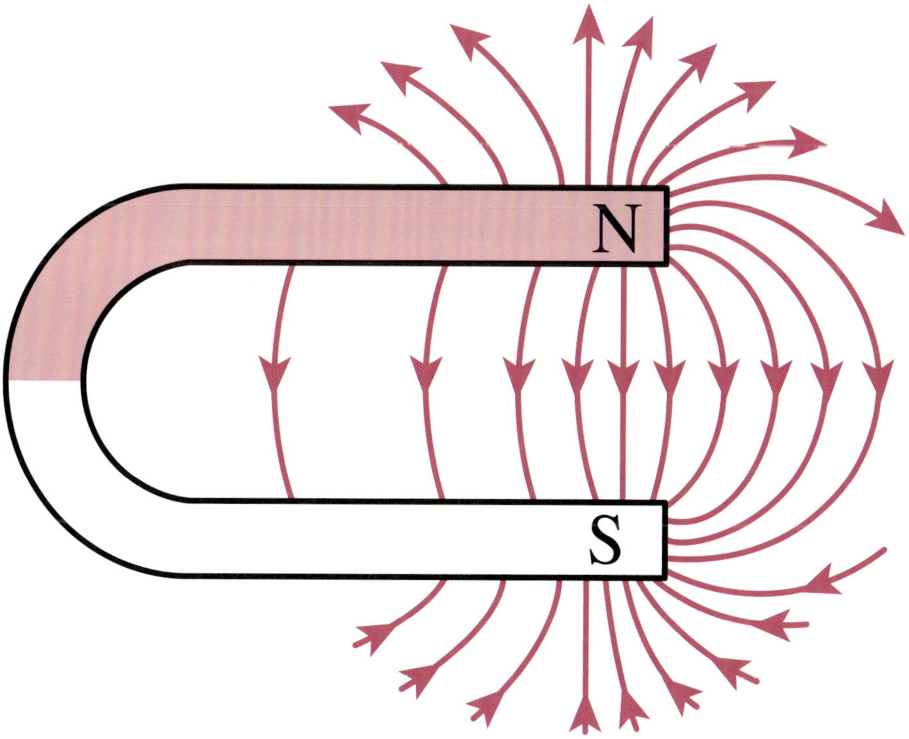

磁感线

为什么切割磁感线会产生电流呢？当铜线穿过磁感线的时候，铜线里面的电子就会受到方向相同的磁场力。如果是单独的一根不闭合的铜线，电子会被磁场力聚集到铜线的一端，形成电压；如果是在闭合的回路里，电子可以自由移动，就会被磁场力推动形成电流。（这里“电子”“电压”“电流”等概念我们先作了解，它们具体的含义将会从下一小节开始详细介绍。）

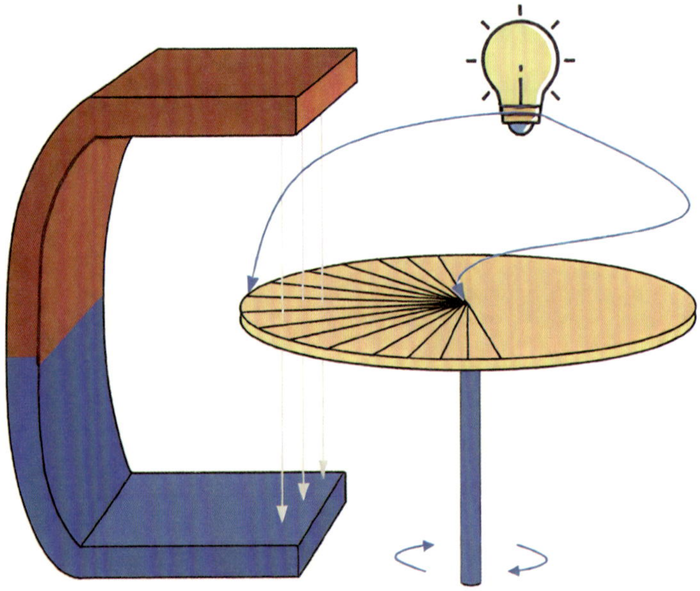

电磁感应效应的原理图

正是因为电磁感应的独特性——通过简单的物理运动就能产生电，以及较高的发电效率，它在过去的一个多世纪里一直是人类生产电力的头号功臣。应用电磁感应原理的直接产物——发电机，作为全世界（除光伏发电站外）各种发电厂的心脏，一刻不停地跳动着。比如，火电站、核电站利用蒸汽推动转子在磁场中旋转，水电站中的水轮机带动发电机旋转，从而将机械能转化为电能。

水电站

火电站

核电站

法拉第发现电磁感应的故事，不仅展示了科学探索改造世界的力量，也提醒我们，对自然界基本原理的理解是所有科技创新和应用的基石。

电是如何产生的？

宏观世界里的电我们已经有所了解，那么在微观世界里，电到底是怎么产生的呢？想象一下，所有我们看得见摸得着的东西都是由非常小的粒子组成的，这些小粒子叫作**原子**。

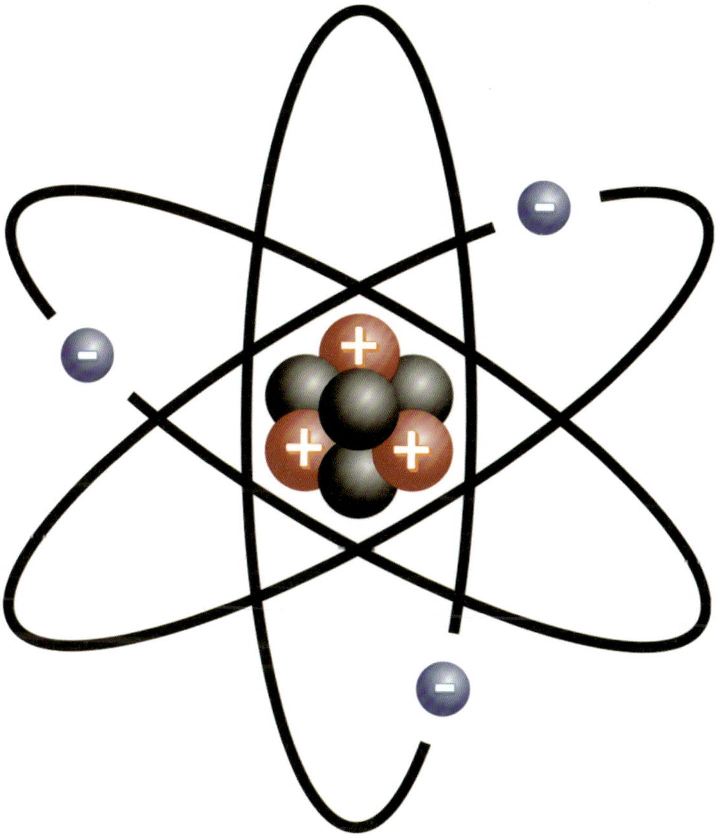

1911 年，一位叫卢瑟福的科学家想出了一个方式来描述原子。他认为，在原子的中心有一个叫作**原子核**的部分，围绕着原子核运动的是一些叫作**电子**的小粒子。这种模型我们是不是在哪里见过？对了，就是太阳系！按照卢瑟福的理论，原子核就是太阳，而电子则是绕着太阳旋转的行星。人们惊讶地发现，巨大的宇宙与微小的原子，竟然是以一种相似的方式运行的。

但是，与太阳系不同的是，原子核不是靠万有引力吸引电子的，而是用正负电荷之间的吸引力。就像磁铁一样，正电荷和负电荷互相吸引。电子带负电荷，围绕着带正电荷的原子核转。在一个正常的原子里，电子的数量和原子核的正电荷数量是一致的，所以它们彼此正负平衡，整个原子不会带电。

那么什么情况下物体会带电呢？要想回答这个问题，我们不妨把原子核想象成一个个小朋友，电子就是小朋友们口袋里酸酸的糖。有些小朋友很喜欢吃酸酸的糖，但另一些小朋友不喜欢酸酸的糖，那么当他们见面的时候，不喜欢吃酸糖的小朋友就会把他的糖分享给喜欢吃酸糖的小朋友。这样，喜欢吃酸糖的小朋友口袋里的糖就变多了，不喜欢吃酸糖的小朋友因为糖分享出去了，所以口袋里的糖就变少了。在原子的世界里，也是这样。当原子之间交换电子时，有的原子会得到更多的电子（变成带负电），有的原子则会失去一些电子（变成带正电）。这样，原子构成的物体正负不再平衡，就会带电了。

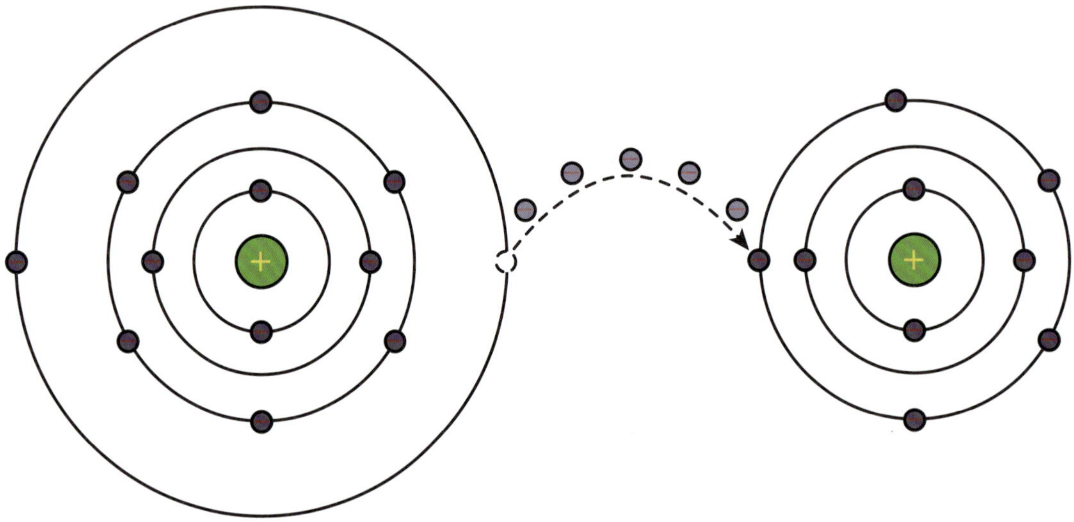

原子之间的电子转移

当我们在头上摩擦一个气球时，会发现头发被气球吸了起来；如果将两个都摩擦过的气球靠近，它们会互相推开。这类现象发生的原因是电荷的转移。当气球摩擦头发时，头发上的一些电子（带负电）会转移到气球上。由于失去了一些带负电的电子，头发就带正电了；而气球得到了这些额外的电子，便带上了负电。因为正负电荷相互吸引，所以带正电的头发就会被带负电的气球吸引，看起来好像头发被气球粘住了，这就是“异性相吸”。而当两个都带负电的气球相互靠近时，它们会把彼此推开，这是因为同种电荷之间会互相排斥，也就是“同性相斥”。

异性相吸

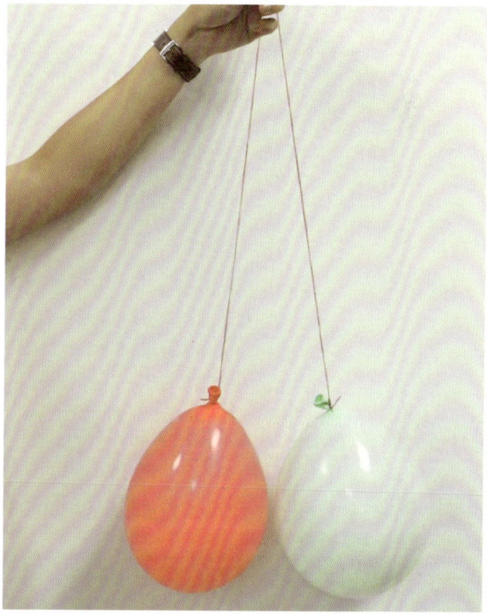

同性相斥

电是如何传输的？

根据导电性的不同，物质一般可以分为**导体**和**绝缘体**。顾名思义，导体是那些容易导电的物质。在我们的日常生活中，金属是最常见的导体，例如铜和铝，它们是制作电线的常用材料。而包裹电线的橡胶套则是绝缘体，它不导电。在导体中，电荷可以轻松地移动，这种电荷的移动形成了**电流**。

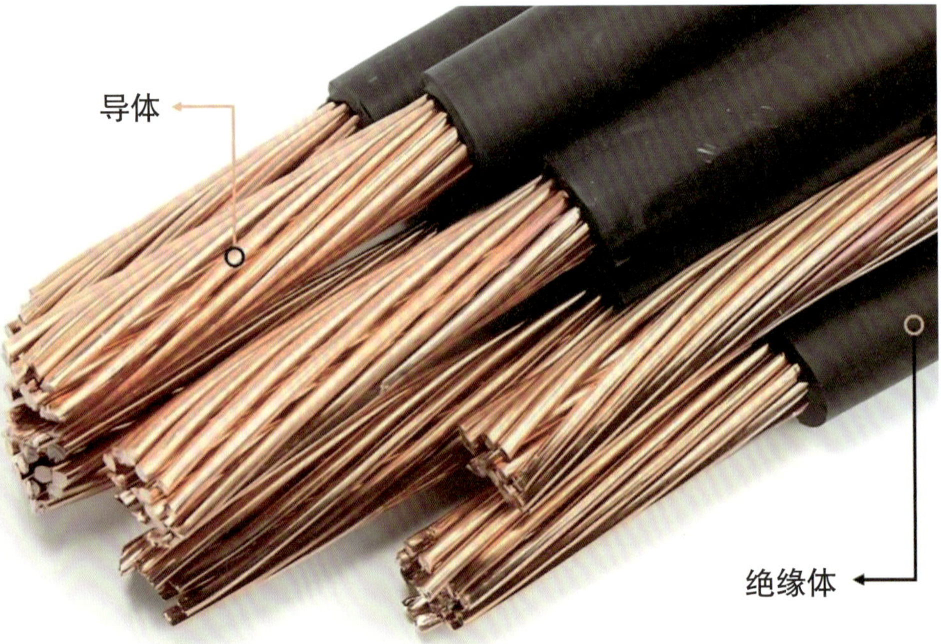

以金属导体为例，铜导线是由无数的铜原子组成的，每个铜原子又是由原子核和多个电子组成的。如果我们继续把原子核比作小朋友，电子比作酸糖，那么铜导线就相当于非常多的小朋友围成一个圈，他们每人手里都有酸糖，并且每个小朋友都不喜欢吃酸糖。因此，每个小朋友都会把自己手中的酸糖分享出去，但收到酸糖的小朋友也只是继续随机分给另外一个同学，而不会自己吃。于是，无数的酸糖便在小朋友们手中来回传递。

如果老师突然发布指令：“小朋友们，请把你们手中的酸糖分享给自己左手边的同学。”这时候，每个小朋友都把手中的酸糖传给了左边的同学，但是自己又从右手边得到了一块新的酸糖。如果老师不断发出“向左传递”的指令，那么酸糖会一直在小朋友们手中传递，一直转圈但不会消失。

上面的比喻意味着什么呢？在没有老师指令的情况下，小朋友之间会无规则地分享手中的酸糖，可能分享给左边的同学，也可能分享给右边的同学，自己也同样可能收到来自左右两边同学分享的酸糖。这就相当于，在没有任何外界作用的情况下，金属中的电子会不断无规则运动，杂乱无章的运动使得很多电子表现出的特性都相互抵消，在任一方向上的平均速度为零，所以铜导线中没有电流。

老师的指令相当于**电压**，因此在说出“向左传递”之后，小朋友们开始有规律地向同一方向传递酸糖，同时自己又收到新的酸糖。此时，无数酸糖便在小朋友们围成的圈中不停地传递。也就是说，我们在金属导体的两端施加电压，导体中的自由电子会受电压的作用向一个方向运动。每个电子都带一份负电荷，这就相当于负电荷在向同一方向运动。正是这种电荷的定向移动，形成了金属中的电流，并表现出导电性。

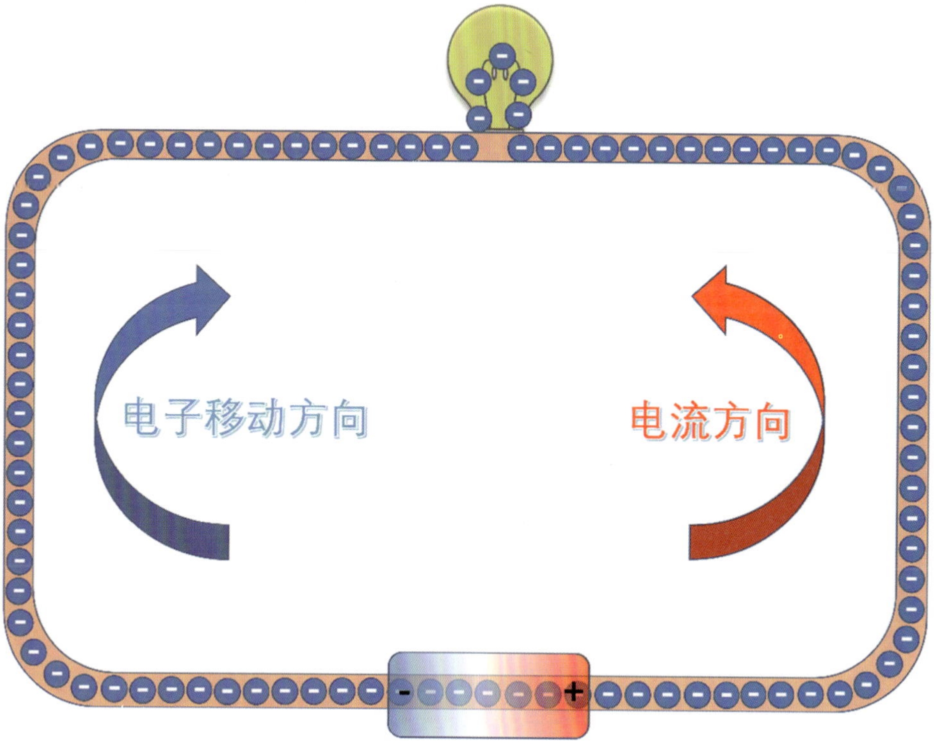

“电流”是一个人为设定的概念，它的方向（正）与电子移动方向（负）相反

小实验④：椒盐静电

实验材料

1. 少量胡椒粉
2. 少量食盐
3. 一把塑料勺子
4. 一个小盘子

实验步骤

（1）在一个小盘子里放一些食盐和胡椒粉，将其搅拌在一起。

（2）用干净的塑料勺子在衣服上快速摩擦。

（3）将勺子缓慢靠近食盐和胡椒粉，但不要触碰。

（4）观察到食盐与胡椒粉吸附到塑料勺子表面。

想一想

1. 实验中，如果把塑料勺子换成铁勺子，其他步骤不变，你认为还能吸附起食盐和胡椒粉吗？

2. 生活中你还见过哪些静电吸附现象？

3.2 生活用电的来源

我们平时在看电视、开空调，或使用其他家用电器的时候，有没有想过一个问题：家里的电是从哪来的呢？

电能是如何传送到我们家里的?

其实，我们平时生活中用的电，是经过了一段漫长的“旅行”才到达我们家里的。

发电厂是电能“出生”的地方。不同类型的发电厂有不同的机器，它们把各种能量（比如水的力量、风的力量、太阳的光芒、煤炭的热量等）转化成电。形象地说，发电厂是一家大工厂，它生产的唯一产品就是电。

发电厂发出电之后，就需要将电传输到各个城市和乡村。因为电能只有在高电压下才能以较小的损耗传输很远的距离，所以高压输电线就相当于电能的“高速公路”，它让电能跨过高山、越过平原，抵达遥远的地方。

变电站

电能经过长途跋涉，终于抵达了我们居住的地方。但在大家能够使用之前，高压电需要在变电站转换成 220 伏的交流电，这样它才能安全地进入我们的家庭，不会对用电器造成损害。

千家万户

在电进入我们家里以后，电通过墙壁里的电线到达每个插座。我们可以插上台灯、电视、冰箱等，电就会让这些电器工作。电还可以通过开关来控制，当我们按下开关时，电就会点亮灯泡。

探秘发电厂

了解了电能的“旅程”后，发电厂是不是变得更神秘了呢？电在那里到底是如何“出生”的呢？

今天，我们依然主要依靠火力发电来获取电能。在我国，大约 70% 的电都是通过火力发电产生的。火力发电主要使用化石燃料，包括煤炭、石油和天然气等。这些资源被燃烧时会产生热量，用来“烧开水”产生蒸汽，蒸汽驱动涡轮机转动，进而带动发电机发电。

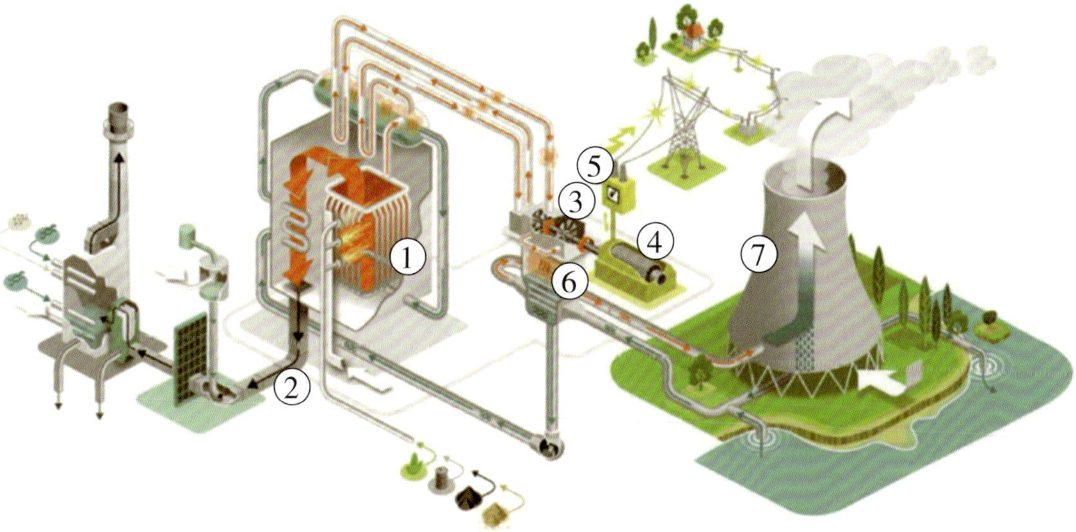

① 蒸汽锅炉 ② 静电除尘器 ③ 蒸汽轮机 ④ 发电机 ⑤ 变压器 ⑥ 冷凝器 ⑦ 冷却塔

火力发电厂的工作流程

尽管火力发电是目前最常见的发电方式，但它对环境的不利影响也日益引发人们的担忧。燃料燃烧的过程，会消耗空气中的氧气并释放出大量的温室气体（如二氧化碳）和其他污染物（如一氧化碳）。这些气体被排放到空气中，不仅会导致地球温度升高、加剧气候变化，还可能形成酸雨，并增加人们患呼吸道疾病的风险。自从人类发明蒸汽机以来，空气中的二氧化碳浓度已经增长了将近一倍。如果再不寻找替代方案，到 2100 年，地球温度的上升将给生态

火力发电会对环境造成不利影响

圈带来毁灭性的灾难。这就是为什么我们需要关注火力发电对环境的影响，并寻找更环保的能源解决方案。

2020 年，我国提出**碳达峰碳中和**的“双碳”目标，计划在 2030 年前让二氧化碳排放量达到最高值，后逐步下降，并在 2060 年前实现二氧化碳排放与吸收的平衡。这一庄严承诺不仅是为了守护祖国的蓝天白云，更是为了全人类的共同未来。地球是我们唯一的家园，中国正通过发展清洁能源、保护生态环境的行动，与世界各国携手构建人类命运共同体，让全球人民都能生活在更清洁、健康的环境中。

为了更好地保护环境，我国近十年来加大了对光伏发电、风力发电等清洁能源的研发和建设，它们在我国能源结构中的占比越来越大。太阳能光伏发电，是一种将太阳光直接转换为电能的技术，它不需要用到煤炭或石油，因此非常干净，发电过程不会污染环境。太阳光是免费的，而且太阳每天都在发光发热，我们只需要特制的电池板就可以随时收集这些能量。所以说，光伏发电不仅能帮助我们节约资源，还能保护我们的地球家园。

火力发电与光伏发电的优劣对比

影响因素	火力发电	光伏发电
环　境	污染较大	污染较小
地　理	几乎不受地理因素影响	受地理和气候影响较大
储　能	可调节发电量，需要用多少电就发多少电	不可调节，需要储能装置储存白天过剩的发电量
经　济	工艺成熟，成本低廉	前期投入大，回本时间长

那么，为什么光伏发电没能完全替代火力发电呢？首先，光伏发电受天气影响比较大，阴天、夜晚等时候，我们收集不到太阳光，发电量也就大大降低。其次，要让光伏发电系统在没有阳光的时间段持续供电，需要搭配高效的储能系统，这种技术目前仍然成本高昂。

风力发电和光伏发电一样，也是一种清洁能源。风力发电是一种将风能转换为电能的技术。它通过风力涡轮机（也称为风力发电机）实现能量的转换。

风力发电站（图源：金风科技）

直流电与交流电

电有两种形式——直流电和交流电。发电厂发出的电是交流电，而我们日常使用的电池提供的是直流电，那么它们是如何转化的呢？

人类首先直接利用的电的形式是**直流电**，它在现代电力传输和电子设备中起着重要作用。直流电总是从一个方向流向另一个方向，就像一条小河，它的水总是从高处流到低处，不会倒流。这就是直流电的特点。最常见的直流电的应用，就是手电筒或玩具车里的电池，它们提供的就是直流电。电池里的电流从电池的正极流向负极，一直保持同一个方向。

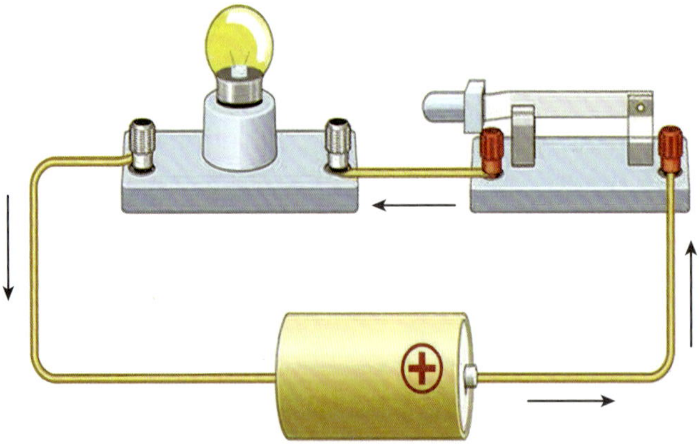

水流和直流电的比较：水往低处流，只有一个流向；直流电也只有从正极流向负极这一个流向

交流电则不同，它会不断改变方向。想象一下，海边的波浪，一会儿冲上沙滩，一会儿又退回大海，有规律地循环往复。交流电的电流也是这样，一会儿往一个方向流，一会儿又往另一个方向流。墙上插座里流的就是交流电。家里大部分电器，包括电视机、冰箱、电灯等用的都是交流电。

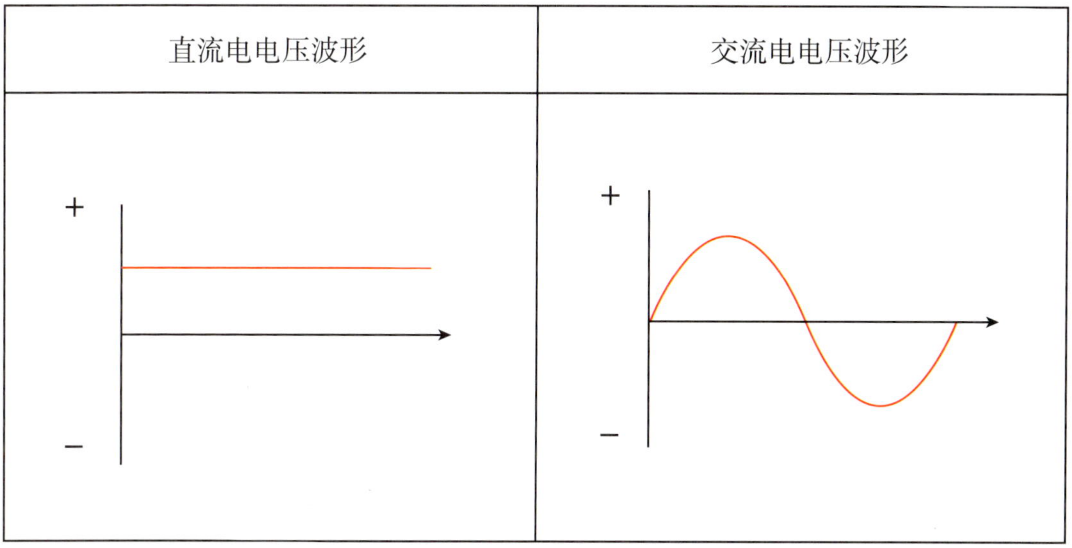

直流电与交流电的电压波形对比

可能有读者朋友要问了，既然交流电的方向总是变化，如此麻烦，为什么我们的生活中还需要用到交流电呢？

这件事的起源还得从美国发明家——爱迪生说起。前文提到，他发明了具有实用价值的电灯泡。在爱迪生看来，应该用直流电给电灯泡供电，于是他在纽约建造了世界上第一个直流电发电厂。这种电厂可以把电传输到附近的家庭和商店，让大家晚上也能有光亮。但是，直流电有一个大问题：它在远距离传输时损耗太大。爱迪生发现，当直流电传输距离较远时，电流就会在电线上白白损失很多能量。要想避免这种电能损耗，就得提高电压，而直流电很难做到这一点。

此时，另一位天才发明家——尼古拉 · 特斯拉出现了，他发明了一种新的输电方式——交流电。与直流电不同，交流电的电流方向会不断变化。这个特点让交流电很容易通过变压器把电压提高，从而减少电流在电线中的损失。到达目的地时，再通过另一个变压器把电压降低到可以家用的水平。如此一来，交流电就可以安全、高效地把电送进相距遥远的千家万户，也为今天世界各地的电网系统奠定了基础。

尼古拉·特斯拉（1856—1943）

小实验⑤：制作简易电路

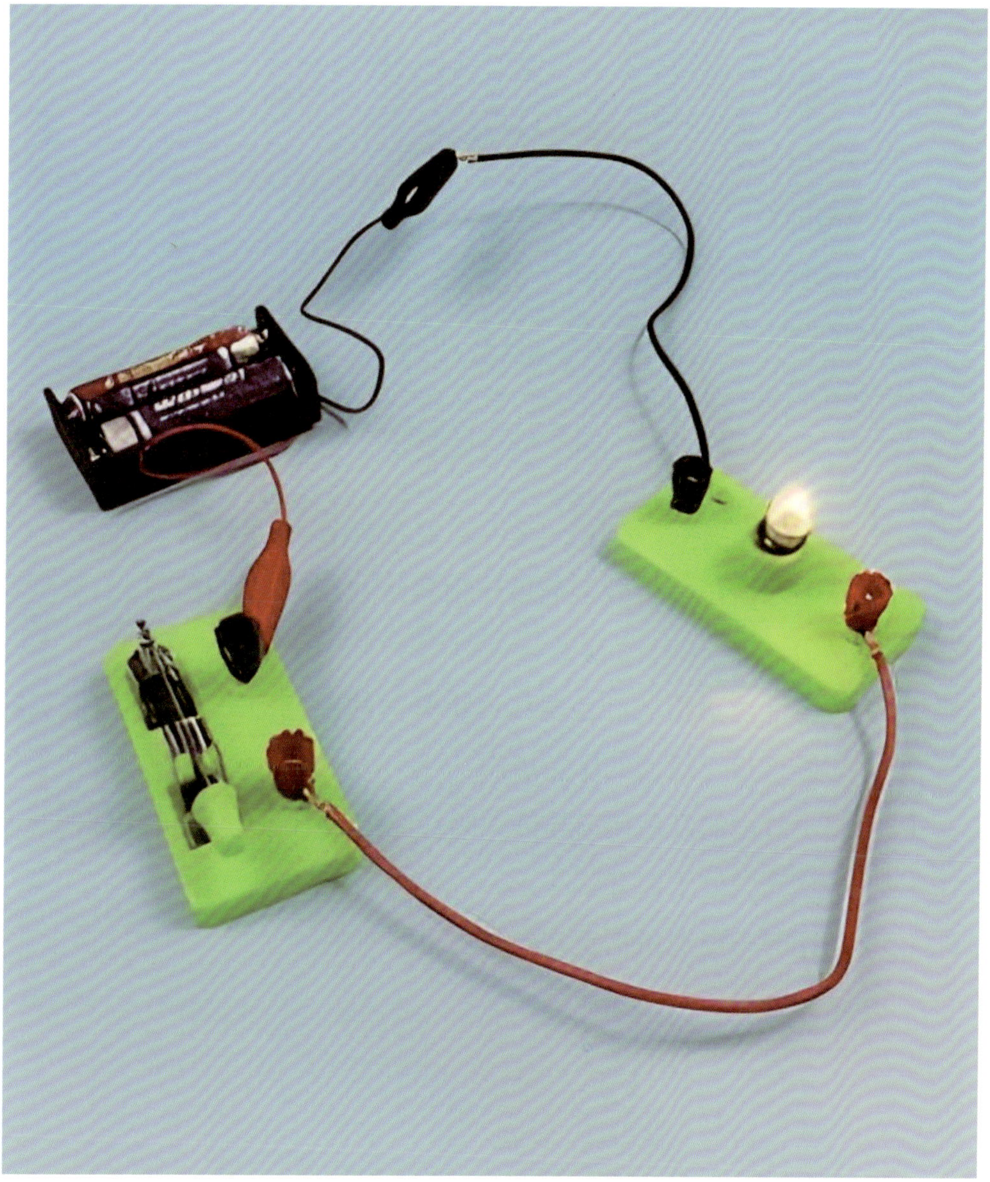

本实验可以结合初中电学基本实验同步进行，用于探究简易电路的基本特征。

实验材料

1. 两节干电池
2. 一个电池盒
3. 三根导线（两红一黑）
4. 一个开关
5. 一只小灯泡

实验步骤

（1）在电池盒正负极分别连接一根导线，红色导线接正极，黑色导线接负极。

（2）将电池盒正极的红色导线连接开关的黑色接口，电池盒负极的黑色导线连接小灯泡的黑色接口。

（3）将小灯泡的红色接口与开关的红色接口用红色导线连接。

（4）确认开关处于断开状态。

（5）将两节干电池按指定方向装入电池盒中。

（6）闭合开关，灯泡被点亮。

（7）断开开关，灯泡熄灭。

想一想 ?

1. 我们已经适应了身边到处是电器和电子产品的现代生活。可如果碰到城市停电，或者在野外旅行，你有什么应急取电的办法？

2. 发电机是人类历史上的伟大发明之一，最常见的发电机基于电磁感应效应，而基于半导体 PN 结的光伏发电是人类发明的第二种能够大规模发电的方式。那么，还有没有第三种发电方式？

3.3 永不消逝的电波

用一根铜线连接两个地点，通过改变铜线中电压的大小，我们就可以发送信息，这是有线通信，容易理解。现在把这根铜线剪断，并在中间留下一段距离，然后可以观察到一个神奇的现象：即便两截铜线中间是断开的，当第一个端点改变电压时，第二个端点还是能感应到这种变化。那么，为什么电压可以“隔空传递”呢？这种现象发生的根源是，电压的变化会在两个端点之间产生电磁波。

无线电就是一种利用电磁波来传输信息的技术。我们可以把电磁波想象成空中的波浪，它携带着信息，如同湖面上扩散开来的水波一样，从一个地方传递到另一个地方。我们收听广播节目时，播音员的声音和美妙的音乐就是通过无线电波从广播电台发送到收音机里的。无线电中的“无线”意味着它不需要用电线进行物理连接，信息可以自由地在空气中传播。无线电通信让声音和数据可以穿越空间，到达遥远的地方，彻底改变了人类世界的面貌。

1864 年，英国物理学家麦克斯韦提出了著名的“麦克斯韦方程组”，这些方程阐明了电场与磁场的基本关系，并预言了电磁波的存在。虽然麦克斯韦没有直接发明无线电，但他的理论为无线电的发明奠定了坚实的基础。

詹姆斯·克拉克·麦克斯韦
（1831—1879）

1887 年，德国科学家赫兹用实验的方法证实了电磁波的存在。他的实验让人们相信，电磁波真的可以在空间中传播，就像光一样。

1895 年，意大利科学家马可尼利用火花放电产生的电磁波，成功地将摩尔斯电码传送到几百米之外，顺利完成了无线电通信的实验。这是无线电通信史上的一个里程碑。

海因里希·鲁道夫·赫兹
（1857—1894）

古列尔莫·马可尼
（1874—1937）

无线电是一张网，编织起了人类现代文明，它的应用无处不在。用收音机听节目，用手机打电话、发信息、上网，用遥控器操纵玩具车、空调、电视机，等等，我们的日常生活离不开无线电。无线电波可以在真空中传播，所以它不仅在地球上非常重要，还是人类探索太空的基石之一。目前，太空中的人造卫星、宇宙飞船，都是利用无线电与地球上的指挥中心通信的。

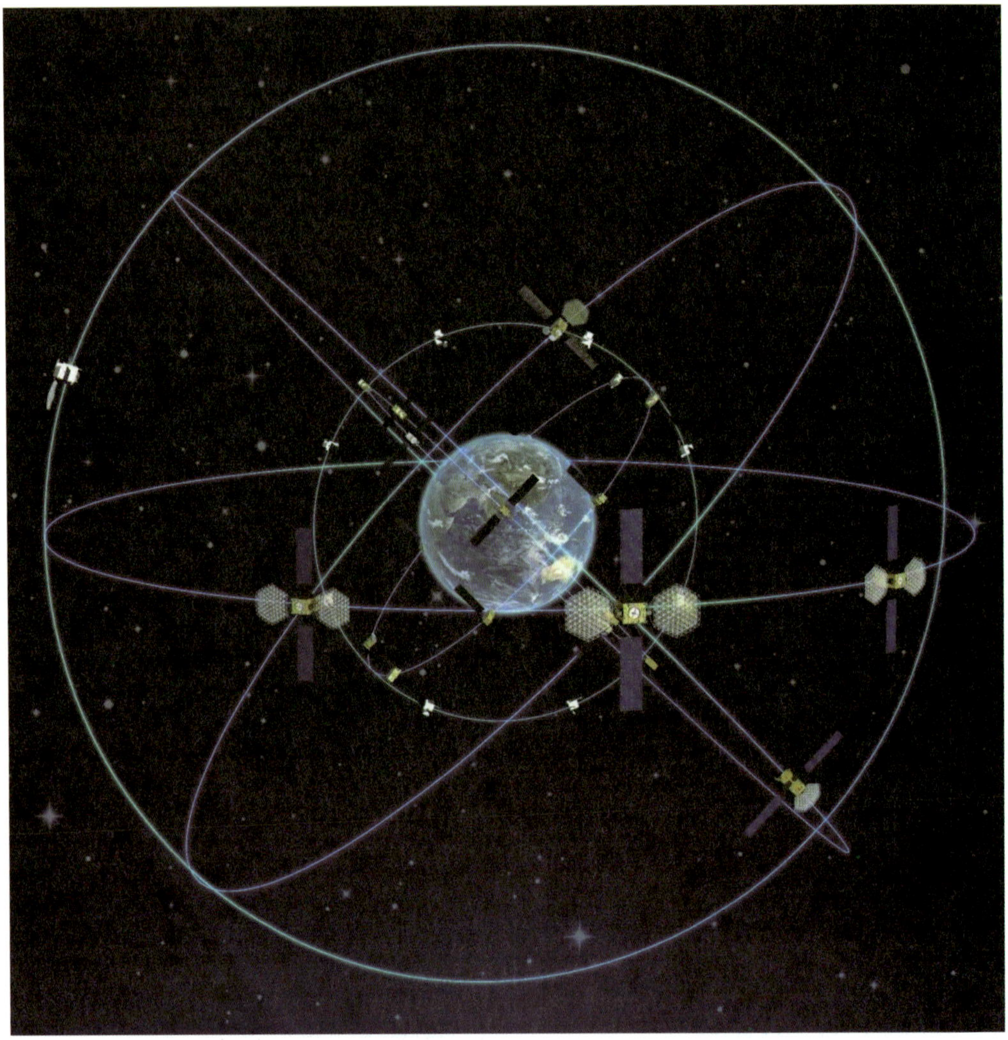

我国部署的北斗卫星系统具有定位、导航、授时等多种功能
（图源：北斗卫星导航系统）

随着科技的进步，无线电技术也在不断发展和完善。新的无线电技术和应用不断涌现，如无线局域网（WiFi）、蓝牙、卫星定位与导航系统等，它们正在深刻地改变我们的生活方式。近年来，还出现了利用无线电技术对新能源汽车进行无线充电等新应用。无线电让我们的生活变得更加便捷。

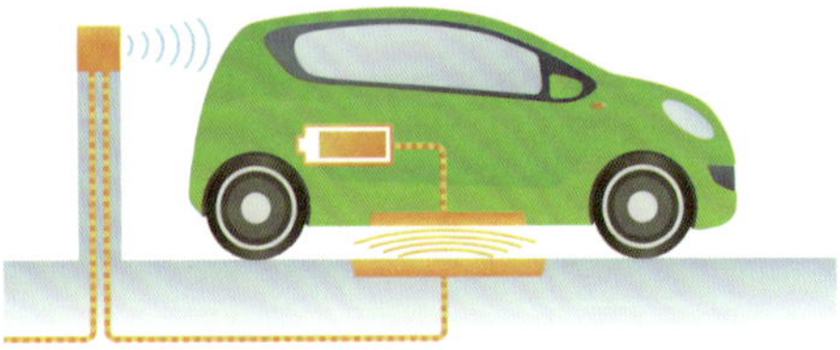

第4章

可再生能源
光伏发电

4.1 光伏发电的昨天和今天

光学是物理学的主要分支之一，光学学科的发展孕育了众多的光学工程应用，其中一个便是光伏发电。光伏发电是人类有史以来第二种可以实现大规模发电的伟大科学发明。它与第一种基于电磁感应的发电原理完全不同，光伏发电结构更简单，发电成本更低，而且直接利用太阳能，可谓取之不尽、用之不竭。事实上，地球每天接收的太阳能相当于全人类一年所消耗总能量的 200 倍。如此巨大的能量如果能够全部为人类所用，不仅足以满足现在全人类的需求，而且足以支撑人类未来的发展。

光伏发展历史

光伏最早进入人类的视野可以追溯到 1839 年，这一年法国物理学家贝克勒尔发现光照能够使半导体材料的不同部位之间产生电位差，从而可以通过这种电位差产生电流。这种现象后来被称为“光生伏特效应”，这就是“光伏”这一概念的来源。

正在实验测试的贝尔实验室太阳能电池

1839—1954 年是太阳能发展的萌芽阶段。这一时期，依托光伏效应的早期产品不断问世，例如 1877 年，英国科学家亚当斯等人通过研究硒的光伏效应，制成了世界上第一块硒太阳能电池。但是早期太阳能电池的转化效率太低，直至 1954 年，在美国贝尔实验室才终于诞生了第一块效率达到 6% 的硅太阳能电池，具备了实用价值。至此，光伏产业进入了快速发展阶段，经过几代科学家的不懈努力，光伏发电系统的光电转化效率已经突破 24%，发电成本低于烧煤的火电成本。光伏发电不仅已经成为全球电力的一个重要来源，而且因为其属于可再生能源，又不排放二氧化碳，未来可能成为人类电力的主要来源。

光伏现状

如今，光伏技术已经与人类的生产生活高度结合，它的应用领域广泛，涵盖了建筑、交通、农牧业等多个方面。

在建筑领域，光伏屋顶是最为常见的结合方式。光伏发电需要没有遮挡的位置，而屋顶正好是一个绝妙的安装场所，能最大程度接收太阳光。同时，光伏板置于屋顶，在夏季也可以降低顶层的温度，让屋内不那么炎热。这种集成化设计旨在将太阳能转化为电能，以供建筑自用或并入电网。光伏板的寿命也比较长，通常有 20 ~ 30 年，这意味着光伏屋顶系统可以长期稳定运行，为建筑提供可持续的清洁能源。

在交通领域，光伏可以与交通工具结合，也可以与信号灯结合。在车辆顶部安装光伏板，可以在行驶过程中对车载电池的电量进行补充，减少对汽油的消耗。应用光伏发电的交通信号灯可以减小对城市电网的依赖，在一定情况下达到电能的自给自足。

在农牧业领域，大面积的农场、牧场都是安装光伏的理想场所。在我国西北地区的广袤大地上，光伏发电可以和养羊结合起来。光伏板需要日常用水清洗，清洗光伏板的水流到地面上就促成草的生长，可杂草生长过长又会影响光伏设备的维护和保养，所以引入羊群及时吃掉杂草，一举两得。在渔业方面，鱼类生长不需要过多的阳光，因此鱼塘的上方可以布置光伏板，同时也能够减少鱼塘里水的蒸发。农田同样是布置光伏的理想场所。可能会有人担心：在稻田、麦田里安装太阳能板，会不会遮挡农作物生长所需的阳光呢？研究显示，农作物生长并非需要太阳光中所有波长的光，往往只需要红光、蓝紫光和近红外光；农作物也不是在生长的所有阶段都需要强烈的光照，往往只在某一部分时间段需要完全的光照。除此之外，农作物的午休现象等，都允许我们有针对性地设置太阳能板，更好地利用太阳光，规避植物和光伏争光的情况，实现农作物种植和光伏发电的有机结合。

光伏与草场的结合

2014—2024 年，以光伏为主的太阳能发电在全球范围内实现了跨越式发展：发电量从 1000 亿千瓦时增长到 10000 亿千瓦时用了 8 年，而从 10000 亿千瓦时增长到 20000 亿千瓦时却只用了短短 3 年。其中，中国更是发挥了具足轻重的作用，目前我国的太阳能发电量已占全球的 43%，超过美欧日的总和（数据来源：Ember《全球电力评论》2025 版、Energy Institute《世界能源统计年鉴》2024 版）。随着国际能源政策的调整和全球气候变暖问题的加剧，清洁能源在人类生产生活中正扮演越来越重要的角色，而太阳能有望在未来成为清洁能源中最大的组成部分。

4.2 认识半导体

既然光伏发电是如此重要的技术，那么现代太阳能电池板到底是如何制成的呢？这就不得不说到一类有趣的材料——**半导体**。

在上一章中，我们已经认识了导电的导体和不导电的绝缘体，那么半导体又是什么呢？半导体是一种介于导体与绝缘体之间的独特存在，这种材料可以通过人为调控，在有些情况下导电，在有些情况下不导电，这种性质为半导体赢得了“电子魔术师”的美誉。它不像导体一样有很好的导电性，也不像绝缘体一样完全不导电。半导体的导电能力会随着外界环境的变化而变化。比如，大多数情况下，温度的升高会使半导体材料的电导率增加，这与金属导体随温度升高而电阻增大的性质完全相反。再比如，外界光照的增强也会使半导体的电导率增加，而这一特性就使半导体非常适合参与一项工作——光伏发电。

当然，半导体除了在光伏领域发挥着重要作用，还在现代通信技术中大放异彩。用半导体制作的晶体管和集成电路构成了电脑、平板和智能手机等一切电子设备的基础。半导体器件以极高的速度执行逻辑运算，又以紧凑的尺寸集成在狭小的空间内，使得我们拥有了功能强大而体积小巧的电子产品。除此之外，我们现在使用的 LED 灯也是半导体技术的产物，既明亮又节能。

PN 结

前面我们说到，半导体的导电能力可以通过温度或光照等因素进行调节，那么具体如何实现这项功能呢？想要弄清楚这个问题，就不得不提半导体的一个关键结构——PN 结。

半导体材料分为两种不同的类型——P 型和 N 型。P 型半导体里有很多“空穴”，这是一个比较陌生的概念，但理解起来其实很简单。我们可以把空穴想象成一个移除电子后留下的小洞，既然电子带负电荷，那么这个小洞必须带正电荷，这样电荷量才平衡。而 N 型半导体则有很多自由电子。当 P 型和 N 型半导体结合在一起时，它们之间的接触面就形成了 PN 结。

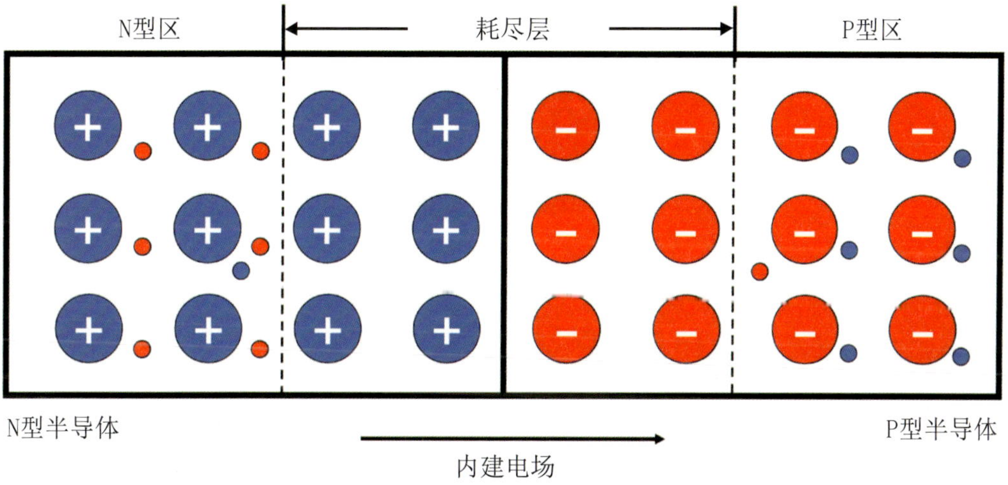

PN 结的结构

PN 结的形成

PN 结的形成过程并不复杂，当 P 型半导体和 N 型半导体刚接触时，由于正负电荷相互吸引，P 型这边的空穴想要移动到 N 型那边去抵消那里的电子，N 型那边的电子也想移动到 P 型这边来抵消这里的空穴。随着越来越多的电子和空穴“双向奔赴”并相互中和，在 P 型、N 型半导体的接触面附近，就形成了一个不带电荷的区域，我们称之为耗尽层或空间电荷区。当这个耗尽层形成后，就可以说一个 PN 结形成了它初始的状态。

PN 结的单向导电性

耗尽层形成后，它会产生一个内建电场，就像加装了一扇门一样，电子和空穴便不能再来回随意跑来跑去了。而由于电场有正负方向，所以这扇门还是单向门，只能从一个方向打开。在 PN 结的初始状态下，这扇门是关上的，如果我们在可以开门的一侧轻轻推（施加外部电压，外加电场与内建电场方向相反），就可以打开这扇门，电子和空穴便可以按照规定的方向移动了，这时电流能够顺利通过半导体。

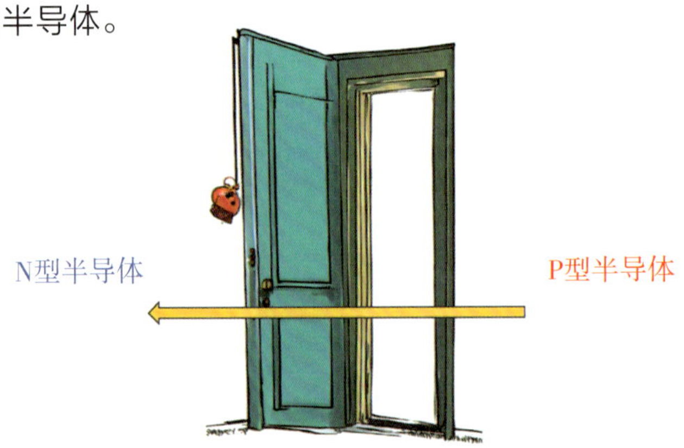

电流只能从 P 型区流向 N 型区

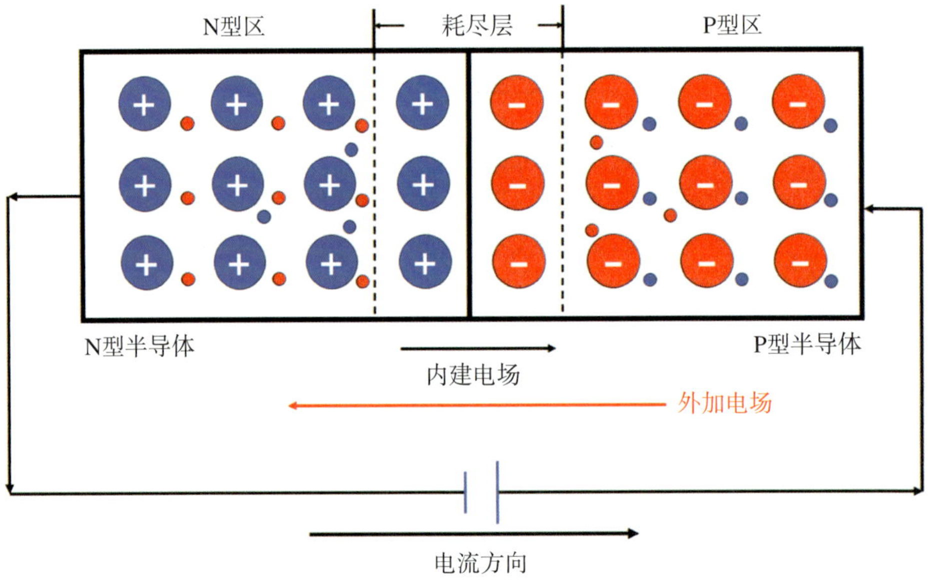

增加正向电场时耗尽层变窄

但如果从另一侧推门，哪怕用力推（施加反向电压，外加电场与内建电场方向相同），电子都很难过去，门反而关得更紧了，此时几乎没有电流能通过半导体。

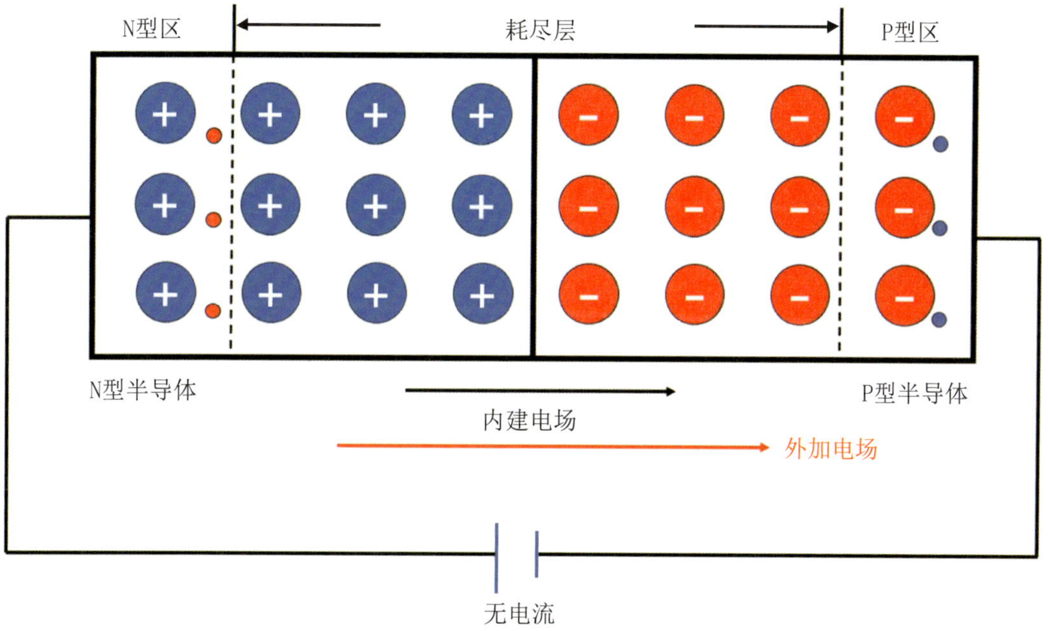

增加反向电场时耗尽层变宽

其实，只要接触过生活中的单向门，就不难理解 PN 结的单向导电性。根据该特性，科学家发明了**二极管**，这种电子元件只允许电流在一个方向上流动，它在各种电子设备中有着广泛的应用。

4.3 光伏效应

PN 结除了单向导电性外，还有很强的光敏性，也就是我们前面提到的：半导体的导电能力随着光照的增强而增强。科学家利用半导体的这一特性制成了太阳能电池，用于将光能直接转化为电能。将光能转化为电能的过程，就是光伏设备工作的原理——光伏效应。

光伏效应到底是一个怎样的过程呢？太阳能电池是用半导体材料制成的，电池内部有许多连在一起的 PN 结。当太阳光照到电池上时，光里面携带能量的光子就开始敲击电池表面。原本“安静”的电子一旦被光子击中，就会“兴奋”起来，获得足够的能量“跳出”原本的位置，而同样的事情也发生在空穴那一边。于是，“兴奋”的电子（带负电荷）和空穴（带正电荷）就会互相朝对方跑去，这个过程使 PN 结的内建电场变得更强。因为每一个 PN 结的电场都增强了，所以含有大量PN 结的太阳能电池的两端就会产生较大的电压。既然有了电压，我们再连上外电路，就可以实现发电了。

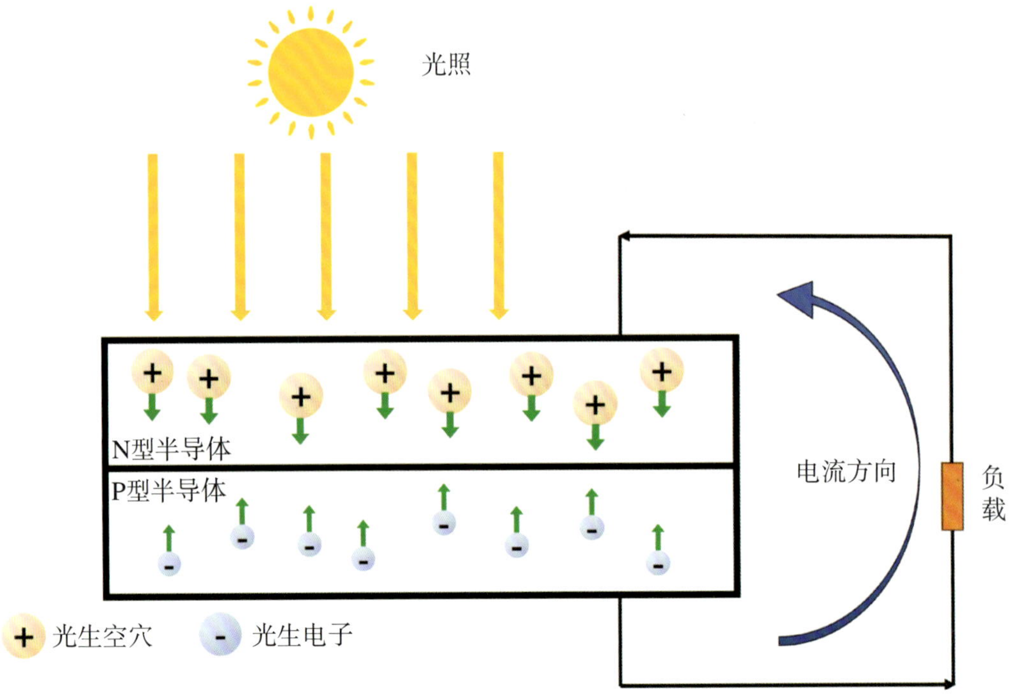

4.4 先进光伏技术

从第一块实用的太阳能电池（光伏板）诞生距今也已经过去 70 年了，光伏技术更是在进入新世纪后飞速发展。人类为了更高效地利用太阳光，都研发了哪些先进技术呢？

跟踪光伏系统

我们已经知道，地球的自转会导致一天内太阳光照射到地面的角度随着时间的推移而变化。当清晨的第一缕阳光探出地平线时，直射光与地面之间的夹角非常小；当正午烈日当空时，直射光与地面之间的夹角就很大。除此之外，春去秋来的季节变化也会影响太阳光的直射角度，例如北回归线上的地区在春分、秋分日，人们会看到太阳位于天空中南北方向的正中间。

光伏板接收太阳能量的多少，主要取决于光伏板与太阳光之间的角度。当太阳光垂直（接近 90°）入射到光伏板上时，接收的太阳能量最多；光伏板与太阳光之间的夹角越小，接收的太阳能量就越少；当光伏板与太阳光平行（光伏板下方完全没有阴影）时，接收的太阳能量为零，也就不能发电。

考虑到这些情况，我们如果想要充分利用太阳光，就要优化光伏板相对于太阳光的实时角度。于是，跟踪光伏系统应运而生。这种系统的设计思路类似于自然界中的向日葵，如同向日葵时刻对准太阳一样，跟踪光伏系统也可以将太阳能光伏板对准太阳。

向日葵

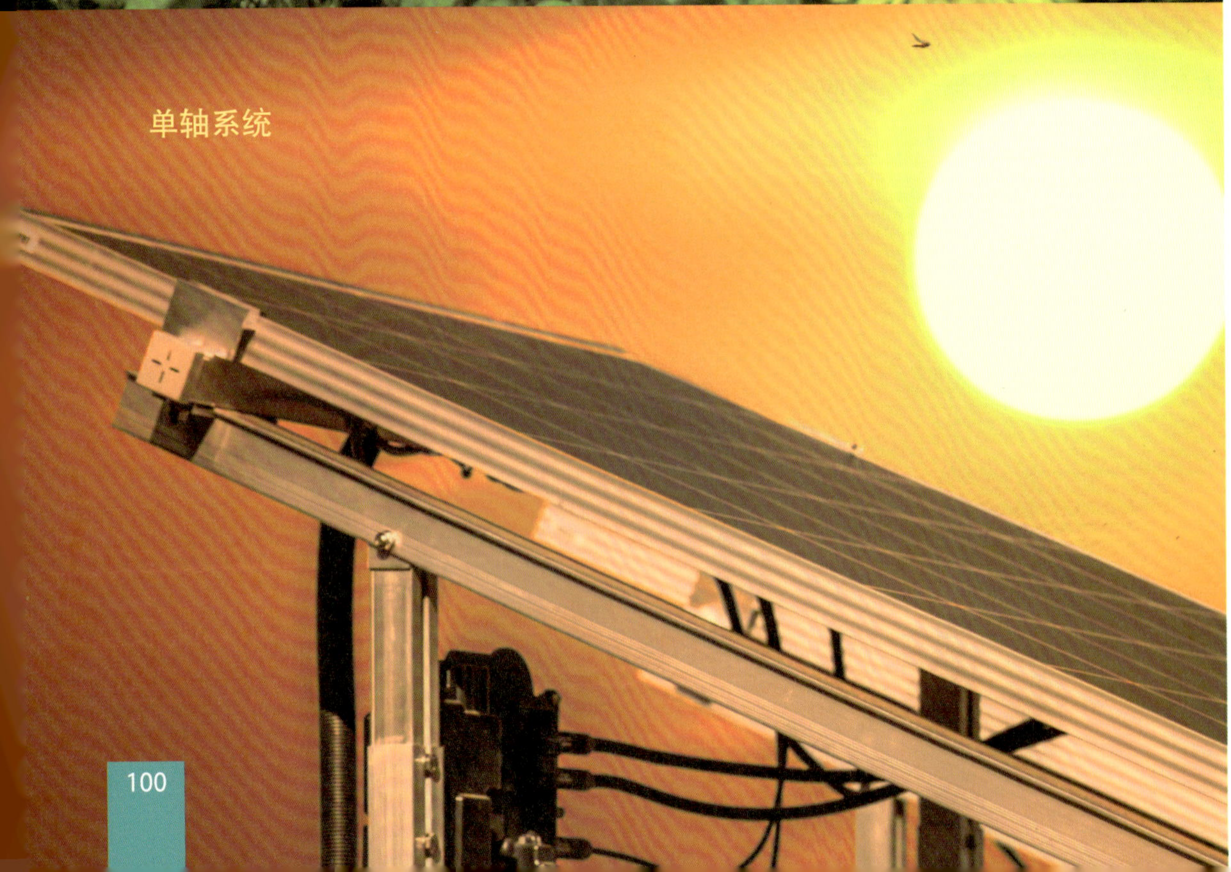
单轴系统

根据结构的不同，跟踪光伏系统可分为单轴跟踪和双轴跟踪。单轴跟踪结构比较简单：东西向的单轴跟踪在夏天或者冬天倾斜角较大；南北向的单轴跟踪在早晨或者傍晚倾斜角较大。

单轴跟踪

双轴跟踪光伏系统一般有两个可以调节角度的旋转轴，分别控制光伏板水平方向和竖直方向的转动角度。当要确定光伏板的朝向时，定位系统（如北斗或 GPS）会先确定光伏板在地球上的准确位置，时间系统会给出当地的精准时间，天文算法系统会算出此时地球和太阳的相对位置。有了这些数据，总系统就可以自动计算出光伏板所需成的角度，并通过控制系统对光伏板加以调节。

双轴跟踪（俯仰轴可 90° 旋转，水平轴可围绕支柱 360° 旋转）

跟踪光伏系统可以和农业种植很好地结合，因为光伏板下的阳光是可以控制的。在农作物的某个生长阶段，它们并不需要过多的光照，这时我们就可以选择正跟踪模式。在这种模式下太阳光会垂直照射到光伏板上，因此可以最大限度地发电。全年来看，使用正跟踪式光伏系统比固定式光伏系统发电量多30% 左右。在农作物最需要太阳光的生长阶段，我们可以使用逆跟踪模式，光伏板在这种模式下会与太阳光平行，让农作物上方的光伏板产生的阴影面积最小。这样即使在农田上铺设了光伏板，也不会影响农作物的正常生长。

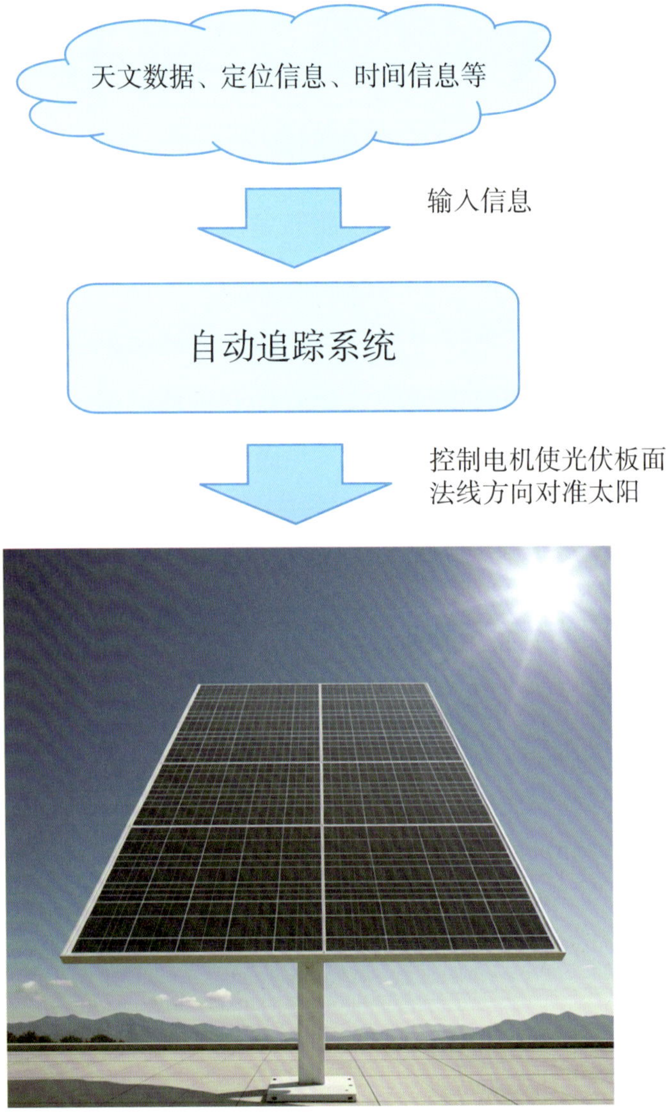

正跟踪流程

聚光光伏系统

太阳光的能量虽然丰富，但比较分散，而现在的光伏电池其实能承受比正常日照强得多的光。也就是说在一般的光伏系统里，这些电池的发电能力并没有完全发挥出来。为了解决这个问题，科学家和工程师设计出了聚光光伏系统。简单来说，就是用镜子或者特殊的透镜把太阳光会聚到电池上，这样就能提高发电量。

聚光光伏系统主要包括三个部分：一是特别设计的电池，能扛得住聚光后的强光；二是跟踪系统，确保太阳光一直照在电池上；三是散热系统，防止电池过热。有研究发现，如果光伏电池温度不变，聚光越强，发的电就越多。

聚光的方法有多种。一种是折射式的，用透镜把光会聚起来。这里要用到的透镜就是我们在第 2 章介绍过的菲涅耳透镜，它设计起来灵活，但对光的颜色可能会有点影响。

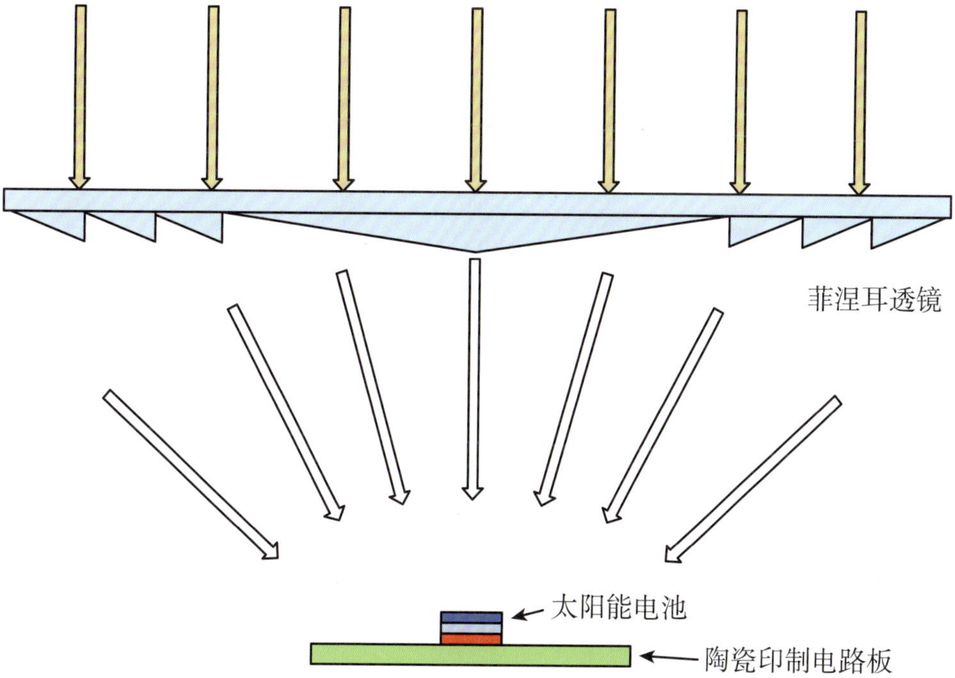

菲涅耳透镜聚光光伏

另一种是反射式的，用镜子聚光。这种设计在现实中使用较多，镜子可以是镀银的、镀铝的，也有用特殊膜做的。常见的镜子形状有碟式和槽式的，它们分别能把平行光聚到一个点或一条线上。不过，这种系统对太阳的位置很敏感，需要实时精确地跟着太阳转动。

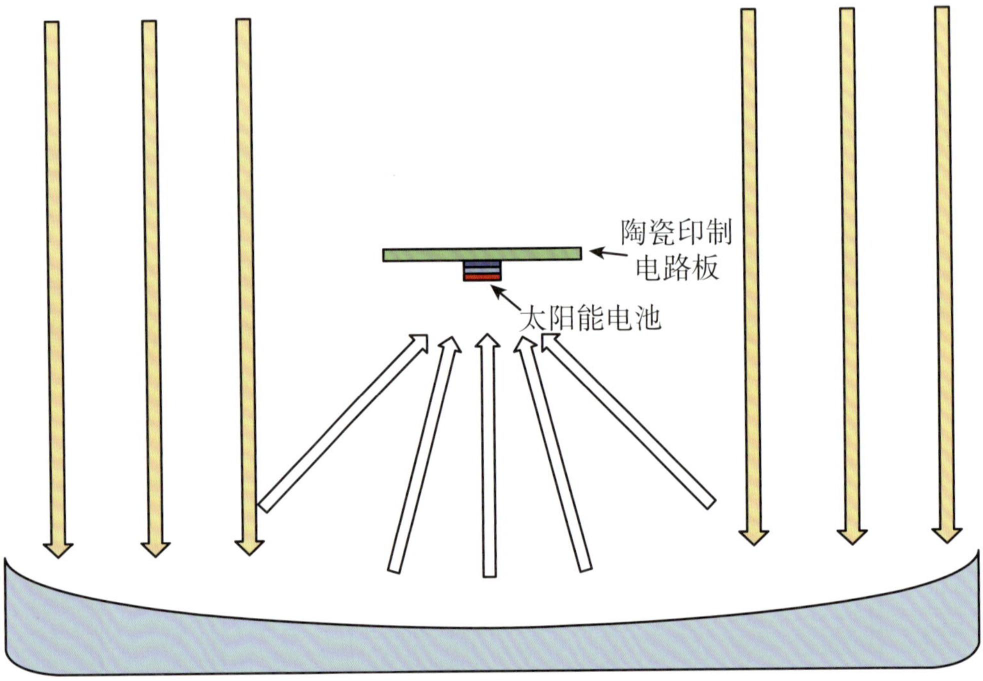

反射镜聚光光伏

还有一种组合设计，用很多小镜子组成的阵列来聚光。这种设计多见于碟式或塔式系统，当然也存在一些问题。首先，电池可能会挡住一部分光，所以聚光点的高度不能太低，如果聚光点位置过低，位于上方的电池会遮挡大量光线，削弱聚光的效果。其次，由于镜子和焦距的比例，整个系统可能会比较大，占用大量土地面积。例如澳大利亚某公司开发的碟式组合聚光系统，电池只有一点点大，但聚光的镜子却有半个篮球场那么大。

碟式组合聚光光伏系统

多结电池

我们已经知道，太阳光其实是由多种色光组成的，那么像普通太阳能电池一样，不加以区分地统一吸收太阳光，肯定不是最高效的方法。为此，科学家发明了多结电池，它内置好几层薄膜，每层薄膜负责吸收不同颜色的光。设计师把这些薄膜像叠罗汉一样叠在一起，每层都有自己的工作范围。最上面的薄膜负责吸收最亮、能量最高的光，下面的薄膜再依次吸收剩下的光。这样，每种光都能被有效利用，电池的效率就大大提高了。

可以想象，这样的多结电池造价比较高。为了既提高发电效率又不让成本涨太多，人们就想了个办法，把多结电池和聚光光伏系统组合在一起，就像用一个超级放大镜把太阳光聚起来，再照到同一块电池上。这样，只需要少量的电池就能发出更多的电，成本也不会增加太多。

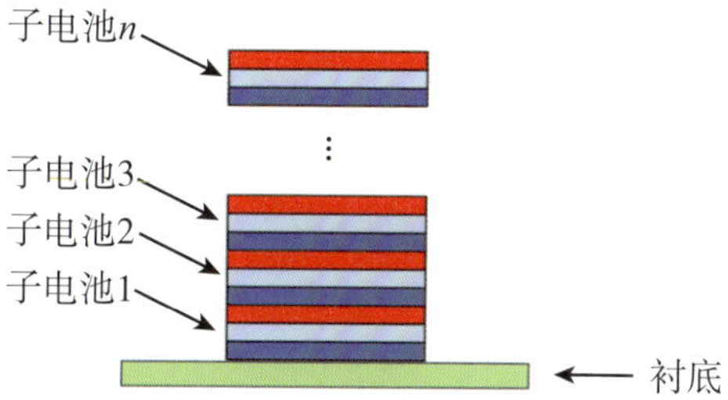

曾经世界最大的太阳能系统，Amonix 7700 聚光光伏系统就使用了大量凸透镜，将光聚到太阳能电池上，实现了高效能与低成本的平衡

分光光伏系统

很多科技创新的灵感，正是源自对大自然的观察和思考。我们发现，植物靠叶子里的颜色来吸收阳光，但叶绿素偏偏不喜欢绿光（将在第 5 章详细介绍），所以绿光就白白浪费了；有些植物喜欢阴凉，阳光太猛了它们就长不好，所以过量的光照会适得其反。那么我们能不能把植物不需要的光用来发电呢？这个想法就带来了分光光伏技术，简单来说，就是把太阳光分开，一部分让植物生长，另一部分用来发电。

第一种方法是**几何分光**，这是通过在不同的位置安装光伏板，让光自然分开。例如，我们可以在麦田上方布置光伏板，但不要全覆盖，而是使一列小麦被光伏板挡住，一列不被遮挡，以此类推，从而平衡光照需求与光伏发电。这种方案安装简单方便，但也有个显而易见的缺点：光照多的小麦长势就好，光照少的长势就差，农作物的品质参差不齐。

几何分光农场

第二种方法是**强度分光**，简单来说，就是让太阳光先穿过一种薄膜光伏电池，比如常见的非晶硅电池板。电池板会“吃掉”一部分光用于发电，剩下的光透过电池板继续照射到植物上，帮助它们生长。这个方法虽然听起来不错，但有个问题：那些电池板透出来的光，不一定是植物最需要的光，所以对植物生长的帮助可能没那么明显。

强度分光农场

第三种方法，即**匀光**型光伏系统，是由中国科学技术大学的刘文教授团队率先提出的。这个系统巧妙融合了菲涅耳透镜的聚光特性与几何分光的布局智慧，可以让光伏系统下的植物均匀接受光照。尽管这样的设计会使每个点上的光照强度略显柔和，但对于特定的植物而言，这种均匀而适中的光照环境更为理想。

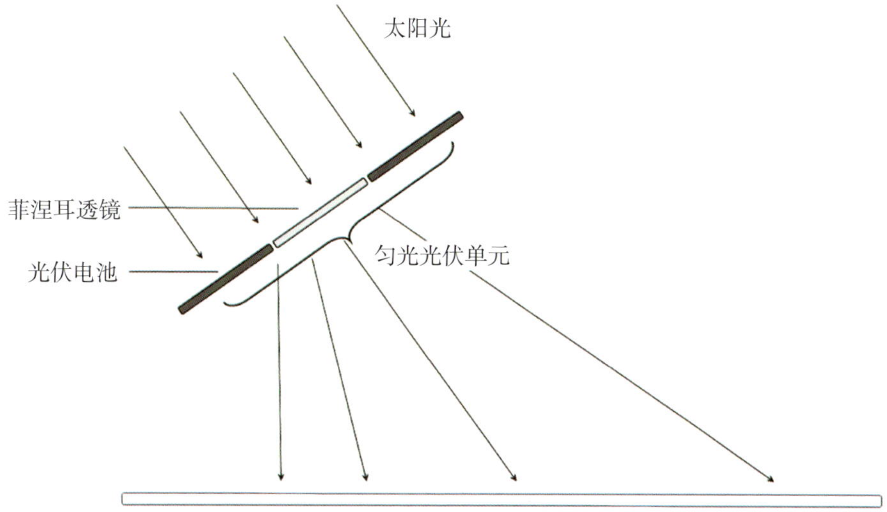

阳光透过匀光光伏单元照射地面。这些光伏单元之间的部分是表面结构与菲涅耳透镜类似的玻璃板，可将原本只能照在一半植物上的阳光分散开，让原本被遮挡的植物也有光照，为下方整块农田创造一个均匀的光照环境。光伏单元中还装有光伏电池，将多余的光能转化为电能

匀光型光伏农场

除了前面三种分光方案，中国科大的刘文团队还另辟蹊径，研发了另一种新颖且成熟的分光系统。它的核心是**薄膜分光**技术，就像一把精细的筛子，能将太阳光中对植物生长至关重要的光波段（比如红光、蓝光）与其余光波段精准分开。这样，薄膜就能透过植物最需要的光，帮助它们茁壮成长，同时最大程度地捕获其他非必需的光用于发电。

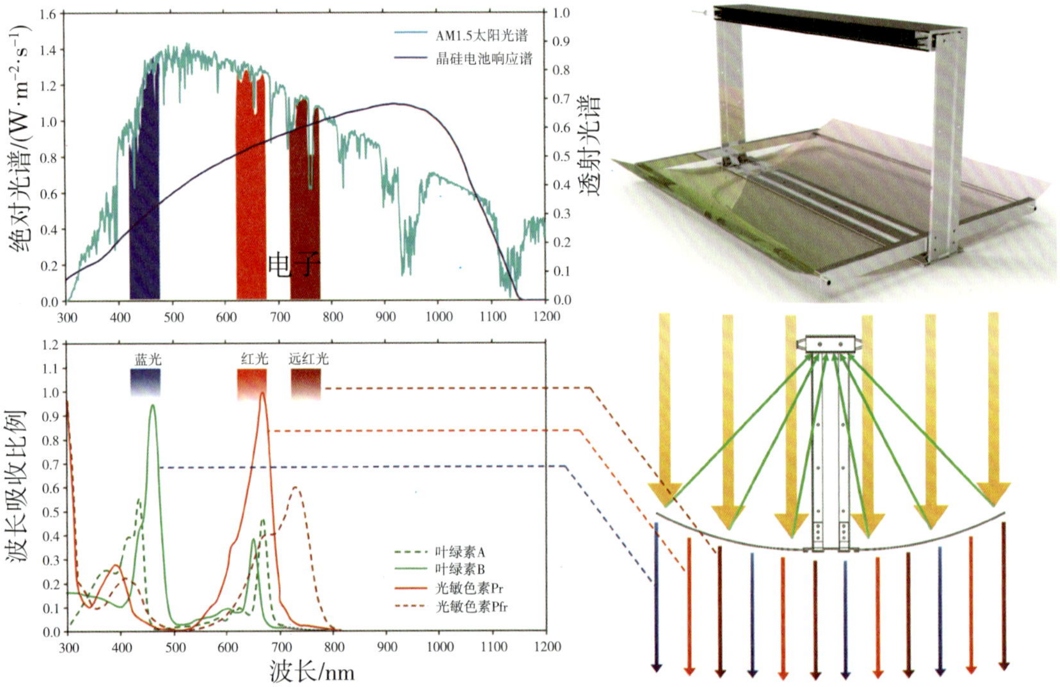

薄膜分光技术的参数与设计

这种综合系统的另一个强大之处，是综合了我们前面介绍过的各种先进技术，起到了一加一大于二的效果。通过聚光光伏技术与双轴跟踪系统的精妙结合，它可以用凹面镜将不需要的光精准反射至焦点位置的光伏板上。这些光伏板采用双面多结电池，尽管其单价不菲，但得益于聚光光伏结构的独特设计，反射至电池上的光线高度集中，使得仅需极少量材料即可实现高效发电，从而有效控制了整体成本。

薄膜分光光伏农业基地的一角

除此以外，夏天中午太阳火辣辣的时候，植物可能会因为温度太高、阳光太强而暂停光合作用。对此我们也有考虑：通过在植物上方放置特别设计的光学膜，不仅能挡掉部分光，使温度稍微下降，从而让植物可以继续好好生长，还能利用多出来的太阳光发电。

从经济角度来看，薄膜分光是目前唯一能够实现大规模量产的技术方案，呈现出巨大的市场潜力。分光薄膜的成本可以控制在每平方米 10 元以内，相较于传统的真空镀膜技术，成本降低了数个量级，极大地提升了经济性。在使用过程中，由于精细的设计，发电成本可以降低约三成。更重要的是，庄稼还长得更好了，每亩地能多收获两成以上的粮食。农民朋友们不仅粮食卖得多，还能借助发电再多赚一份钱，真是两全其美。

匀光型农业光伏方案、跟踪型农业光伏方案、分光型农业光伏方案，都可以通过调节光照条件帮助改善农作物生态环境，保持水土湿度，这样是有利于农作物生长的。通过这些先进的农业光伏技术手段，最终我们更高效地利用了太阳能。

4.5 中国光伏的现状与未来

光伏发电作为一种清洁的、可持续的能源技术，在我国的能源结构中扮演着越发重要的角色。2014—2024 年，我国光伏发电装机容量增长了 30 倍，达到 8.86 亿千瓦，2024 年稳居全球第一。光伏发电量超过 8341 亿千瓦时，相当于减排二氧化碳约 6.67 亿吨。这是中国对全球能源创新和环保事业做出的卓越贡献。智能化是未来光伏技术发展的趋势。科研人员致力于研发智能控制系统，以实现光伏发电系统的能效优化、故障诊断和智能管理。这将有助于提升系统的运行效率和安全性。

生活中，电子产品的技术不停地迭代，比如智能手机从常规屏发展到折叠屏，再到未来的透明屏。这在光伏技术领域也是一样的。未来，科研人员也将开发出可弯曲和透明的光伏电池，以满足不同场景下的能源需求。

AI 眼中的未来光伏

第5章

生命的奇迹
植物生长原理

5.1 光合作用

什么是光合作用？

光合作用对于植物来说，是一个“烹饪美食”的过程。想象一下，植物的叶片里面有一间神奇的“厨房”，叫作叶绿体；这个“厨房”里有一排“灶台”，叫作叶绿素。当阳光照在叶片上时，叶绿素就会抓住光的能量，如同家里点燃柴火或燃气一样，为植物的“烹饪”点燃“第一把火”。然后，植物会从空气中吸入二氧化碳，为这顿“大餐”提供不可或缺的“食材”，就像我们从菜市场买回肉和菜。同时，植物的根从土壤里吸收水分，为“烹饪”过程添加必不可少的“调料”，类似于做饭时要放人体所必需的盐和糖，植物生长也离不开水分中的矿物质和维生素。

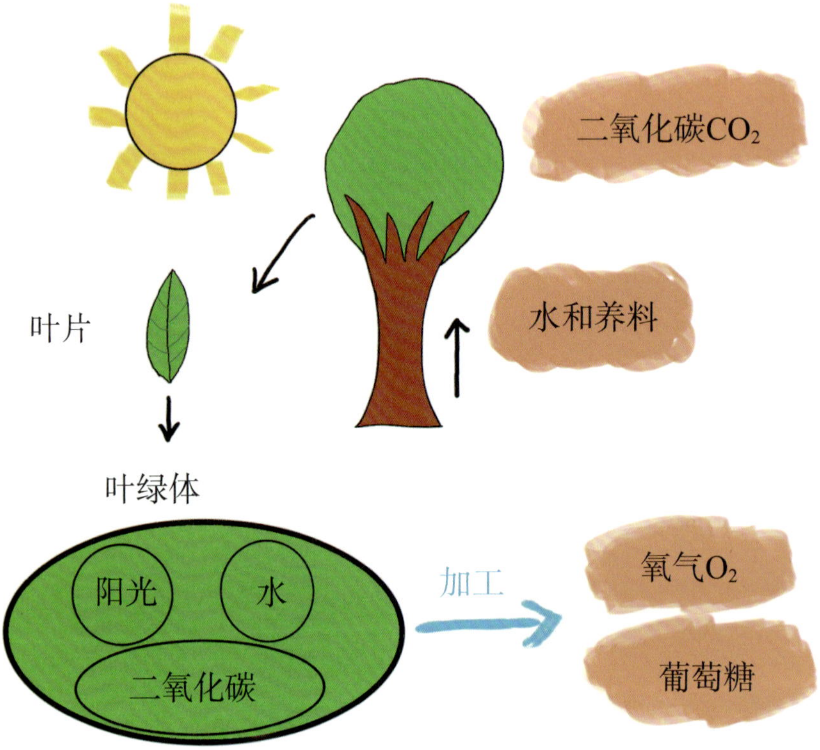

有了阳光、二氧化碳和水，植物就在叶绿体这间“厨房”里，用光的能量“烹饪”出两种“食物”：葡萄糖和氧气。葡萄糖是植物自己的食物，可以给植物提供能量，让它们发芽、长大、开花、结果。而产生的氧气则是大家的食物，植物会大方地把它释放到空气中，让我们人类和其他动物都能自由地呼吸。

因此，**光合作用**就是植物吸收阳光、水和二氧化碳，制造葡萄糖并产生氧气的好方法。通过光合作用，植物不仅自己吃得饱饱的，还为地球上的其他生物提供了生存必需品。

自养生物与异养生物

细心的读者可能发现了，光合作用所需的原料都是自然界中最基础的物质——阳光、水和二氧化碳，它们无处不在，可以轻松获取。一旦具备了光合作用的能力，生命就可以自己生产自己的食物，不依赖其他人，做到“自力更生”。我们把这一类生物称为**自养生物**。它们当中最著名的成员就是植物，但其实还包括细菌和藻类。

植物

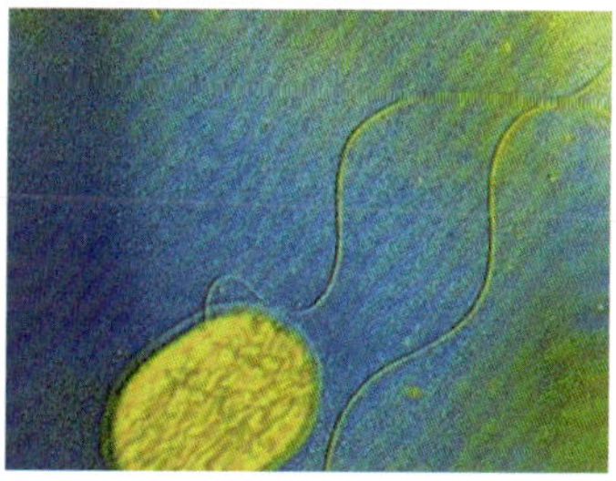

硫细菌

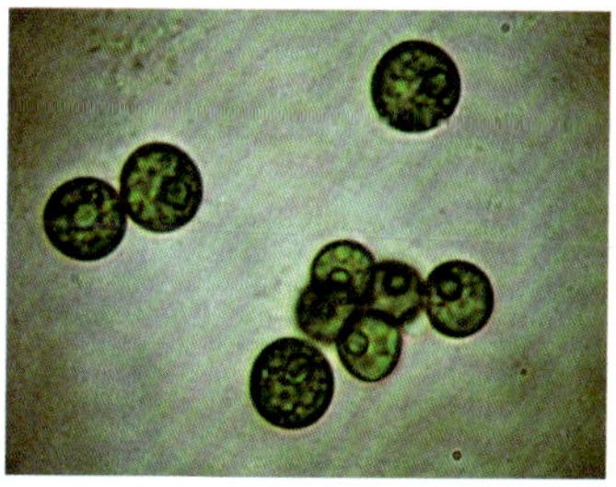

微藻

自养生物

与之相对，不具备光合作用能力的生物则叫作**异养生物**。大部分动物，包括我们人类，都是异养生物家族的成员。由于没有光合作用这个“超能力”，我们需要将其他生物当作食物来源，包括植物、其他动物，甚至是微生物。当我们吃下一块水果、一根鸡腿或者一碗米饭时，就是在享用自然界中其他生物的“劳动成果”。异养生物通过消化系统将吃进去的食物分解成身体能够吸收的小分子，比如葡萄糖、蛋白质和脂肪，这些就是我们的能量来源和生长必需品。通过食物链，异养生物间接利用了自养生物制造的有机物，形成了一个复杂而精妙的生命循环网络。

异养生物

总的来说，自养生物和异养生物都是自然界的一环，各自拥有不同的生活方式，又相互依存，共同维护着生态系统的平衡与繁荣。

5.2 地理环境对植物生长的影响

在第 1 章里“地球的自转与公转”小节，我们初步了解了地球的经纬度，知道了不同纬度地区具有完全不同的气候条件：日照、温度、湿度都有非常大的区别。这会导致植物的光合作用存在差别，植物的形貌也会千姿百态。

不同温度带的“特产”

按照纬度的不同，人们把地球划分成了三个主要的温度带，它们分别是：南北纬 0°—23.5° 之间的热带，位于地球赤道的两侧；南北纬 23.5°—66.5° 之间的温带，位于热带和寒带之间；南北纬 66.5°—90° 的寒带，位于两极地区附近。不同温度带的植物形态各异，各具特色。

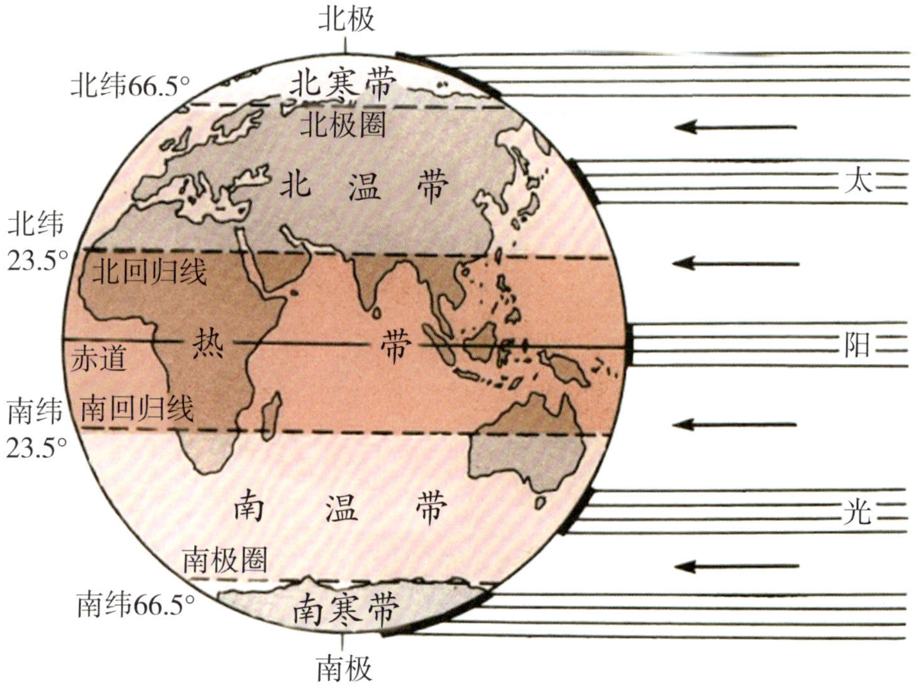

温度带的地理分布

1 热带植物：温暖绿色的天堂

热带地区是地球上最热的地方，四季温度都很高，热带雨林气候的地方还经常下雨。热带植物喜欢这样的环境，它们长得又高又茂盛，叶子很大，颜色也很鲜艳。

· 特点：

大大的叶子：热带植物的叶子通常较大，可以帮助它们吸收更多的阳光和水分。

鲜艳的颜色：很多热带植物的花朵颜色非常鲜艳，以吸引蝴蝶和蜜蜂来帮助它们传播花粉。

树木很高：热带丛林中的树木可以长得非常高，有的甚至超过 30 米！

· 例子：

香蕉树：香蕉树的叶子很大，结出的果实香甜可口，是我们常吃的水果。

椰子树：椰子树的果实给我们提供了清凉可口的椰汁，还能做成椰奶和椰子油。

2 温带植物：四季变换的美

温带地区四季分明，春夏秋冬交替循环。温带植物要适应这种变化，它们会在不同的季节做不同的事情。

· **特点：**

春天开花：春天来了，植物开始发芽，开出美丽的花朵。

夏天生长：夏天炎热，雨水充足，枝叶快速生长，树林苍翠欲滴。

秋天落叶：秋天到了，树叶变成了金黄色、橙色或红色，然后慢慢落下来。

冬天休眠：冬天很冷，植物进入休眠状态，等待下一个春天的到来。

· **例子：**

苹果树：苹果树在春天开花，夏天结果，秋天收获苹果。

枫树：枫树的叶子在秋天变得非常漂亮，有红的、黄的、橙的。

3 寒带植物：勇敢的战士

寒带地区非常冷，冬天很长，夏天很短。寒带植物必须有很强的耐寒性，才能在这种环境下生存，犹如屹立不倒的战士。

· 特点：

小巧的身材：有些寒带植物长得不高，这样可以降低被风吹倒或吹走的风险；还有些的叶子像针一样，以减少体内水分蒸发。

厚厚的保护层：有些植物的叶子上有厚厚的蜡质层，帮助保持水分。

耐寒的能力：寒带植物能够在非常低的温度下生长。

· 例子：

苔藓：苔藓喜欢潮湿的地方，即使是在寒冷的环境中也能生长。

北极柳：这是一种能在北极地区生长的植物，它的枝条非常柔软，可以抵御强风。

不一样的水稻

水稻是一种重要的粮食作物，但是它需要一定的温度和水分才能生长。在中国，不同地区因为所处纬度不同，气候也有很大差别，这导致了各地种植水稻的方式也不一样。

海南：祖国最南端的省份，地处热带，夏天似乎总也过不完。天气炎热，雨水充沛，作物在这里生长得非常快。因此，海南一年可以种植三次水稻。这就是一年三季的种植方式。

湖南、湖北：两湖地区位于华中，气候比海南凉快些，但也足够温暖潮湿。因此，这里一年可以种两次水稻。这就是一年两季的种植方式。

黑龙江、吉林：东北地区土地肥沃，但冬天很长，夏天很短。因为天气冷，水稻又只能在夏天生长，所以这里一年只能种一次水稻。这就是一年一季的种植方式。

全国各地因地制宜的水稻种植，让我们餐桌上的大米供应有了保障（图源：广州日报）

5.3 光与叶子

叶子是植物极为重要的器官，其内部的叶肉细胞是植物进行光合作用的主要场所。每个叶肉细胞都含有叶绿体，也就是我们在介绍光合作用时所说的“厨房”。在叶绿体中，有多种能够吸收光的能量来进行光合作用的物质，我们把这些物质叫作光合色素。科学家仔细研究了这些物质，并把它们分为两种：叶绿素和类胡萝卜素。叶绿素我们很熟悉，就是前文所说的“灶台”，而类胡萝卜素的作用也很相似。

我们已经知道，肉眼可见的太阳光是由七种颜色组合而成的。那么可以合理地推测，叶绿素和类胡萝卜素使用的光是有差异的。的确，叶绿素主要吸收蓝色、紫色和红色的光，类胡萝卜素主要吸收蓝色和紫色的光。自然界的一个神奇现象是，各种光合色素都很少吸收绿色的光，因此太阳光中绿色的光被叶子反射到我们的眼睛中，这就是我们看到的植物大多为绿色的原因。

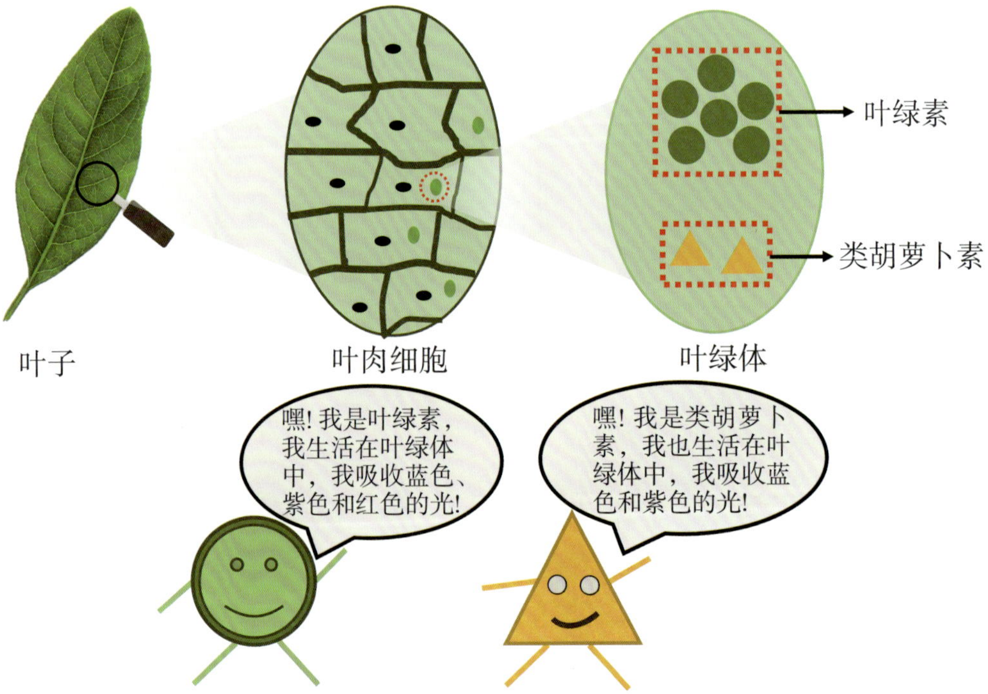

5.4 呼吸作用

既然光合作用需要太阳光，那么到了夜晚，植物在做些什么呢？原来，除了进行光合作用外，植物与我们人类一样，也需要进行呼吸。植物细胞在氧气的参与下，把营养物质彻底分解，产生二氧化碳和水，释放植物生活所需要的能量。这就是植物的呼吸作用。

5.5 植物工厂

既然我们已经了解了植物生长需要什么样的光照、温度和水分，又知道了它们是如何进行光合作用与呼吸作用的，那么能不能人工地为植物创造一个理想的生活环境，让它们在原本无法生长的时间和地方也能茁壮成长呢？

科学家提出了一种方案，在一栋“大房子”里种植植物。它不像传统农田那样依赖自然条件，而是通过高科技手段在一个封闭空间内调节植物生长所需的环境。无论外面是严冬还是酷暑，内部都光照充分、温暖宜人，就像植物的“五星级酒店”，为植物提供最佳的生活环境。这就是未来感十足的农业生产方式——植物工厂。

AI 眼中的植物工厂：沙漠起高楼，黄昏如正午

1 植物工厂的“秘密武器”

智能控制系统：在植物工厂里，有一套高度智能化的计算机系统，它可以实时感知并自动调节室内的温度、湿度、光照以及二氧化碳浓度等，以确保这些条件时时刻刻适合植物生长。

营养液栽培技术：不同于传统的土壤种植，在植物工厂中，植物通常是被种在特制的营养液中的。这样不仅节省了土地资源，还能让植物吸收到更加均衡的养分。

LED 灯光照明：为了让植物在没有阳光的情况下也能进行光合作用，植物工厂使用特殊的 LED 灯来模拟太阳光。针对不同植物的“喜好”，我们还可以提供不同颜色的光，促进植物更快地生长、开花、结果。

AI 眼中的植物工厂：光照、温度和湿度都由精密的智能控制系统来调节

2 植物工厂的优势

全年无休生产：因为内部环境完全可控，所以植物工厂可以实现一年四季连续生产，不受季节变化的影响。

节约水土资源：植物工厂可以精确滴灌、多层栽培，因此相对传统农业，它所需的水资源和土地面积要少得多，非常适合城市使用。

环境友好：由于减少了化肥、农药的使用，并且能够循环利用资源，植物工厂对环境的负面影响也比较小。

植物工厂代表着现代农业向高效、绿色方向发展的趋势。随着科技的进步，我们会在越来越多的地方看见它。而在更加遥远的未来，它可能还会让人类能在外星球开展农业活动。

植物工厂实景（图源：中国科大）

小实验⑥：验证光合作用释放氧气

我们已经了解到植物的光合作用会产生氧气，那么如何用实验来证明它呢？大家对燃烧消耗氧气的原理应该不陌生，因此我们可以借助有植物和无植物时蜡烛燃烧的时间长短，来证明光合作用可以释放氧气。

实验材料：

1. 植物盆栽（一小盆天竺葵或其他植物）
2. 一根蜡烛
3. 一个较大的玻璃罩或塑料罩（能够完整覆盖植物盆栽和蜡烛）
4. 火柴
5. 沙子
6. 计时器

实验步骤：

（1）找一块平整宽敞且阳光充足的户外场地，将蜡烛点燃。

（2）盖上玻璃罩，并在玻璃罩的边缘撒上沙子，防止空气通过细小的缝隙进入玻璃罩。

（3）开始计时，直到蜡烛熄灭，记录消耗的时间①。

（4）揭开玻璃罩，让空气流通 30 秒，再重新点燃蜡烛。

（5）将植物盆栽靠近蜡烛，但不要让植物碰到火焰。

（6）盖上玻璃罩，这次需要将盆栽和蜡烛都罩在玻璃罩内，在玻璃罩的边缘撒上沙子，防止空气通过细小的缝隙进入玻璃罩。

（7）开始计时，直到蜡烛熄灭，记录消耗的时间②。

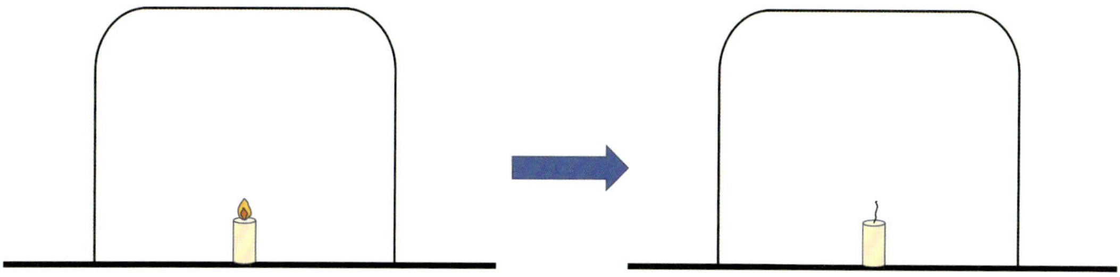

玻璃罩内没有植物时蜡烛燃烧的情况

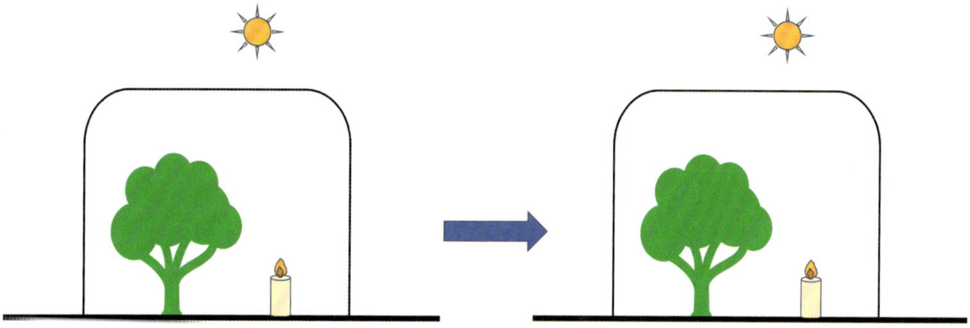

玻璃罩内有植物时蜡烛燃烧的情况

实验结果：

可以观察到，时间②明显长于时间①。也就是说，植物的存在使得玻璃罩内除了原有的氧气外，还生成了新的氧气。这正是植物通过光合作用释放的氧气。

注意：由于本实验涉及户外使用火源，须在成年人监护下操作。

想一想？

1. 在有植物盆栽的玻璃罩内，蜡烛最终是否还是会熄灭？你认为这有可能是什么原因导致的？

____

____

____

____

____

____

2. 航天员在太空里的空间站上也可以自己种菜。那么在空间站里种菜，需要准备什么设备和材料呢？

____

____

____

____

____

____

____

第 6 章

生态环境的核心

水循环

6.1 什么是水循环

水，是我们身边再平常不过的东西，口渴时畅饮，下雨时打伞。可是你有没有想过：水是从哪里来的？它又流向何处？水是无穷无尽的吗？其实，我们身边各种看似简单的自然现象，恰恰揭示了水的根本奥秘——水循环。

水来自哪里？

地球上的水有着一个神秘而古老的起源，它的故事就像宇宙中的冒险小说，充满了惊喜和奇迹。让我们穿越回数十亿年前，那时候，太阳系还只是一个巨大的尘埃和气体云团。在这片浩瀚的星际尘云中，水分子开始了它们的旅程。

小行星撞击地球想象图

科学家相信，地球上的水主要有两个来源：一部分源于原始太阳星云中的水分子，另一部分来自随后撞击地球的小行星和彗星。当太阳星云逐渐凝聚形成行星时，那些富含水分子的冰块被包裹在地球内部。这些冰块就像藏有秘密的时间胶囊，封存着太古时期的水，地球上的每一滴水都带着亘古的记忆。

随着地球不断升温，内部的冰块融化，水分通过火山爆发等地质活动释放到地表，形成了初期的海洋。同时，宇宙中的小行星和彗星也对地球进行了无数次“拜访”。这些彗星和小行星上的冰含有大量水分，当它们撞击地球时，释放的水分也为地球的水库做出了贡献。

这种来自星际空间的水，带有独特的重水同位素比例，这一点从地球上的海水中仍然可以找到证据。科学家通过分析陨石和彗星中的水分子，揭示了这些外来水源的痕迹，为我们理解地球上水的起源提供了宝贵的线索。

因此，我们在仰望星空时会不禁感叹：那些遥远的星球和流星不只是夜空中闪烁的灯火，它们也曾是地球“水之源”的使者，参与了一个持续数十亿年的创造生命的伟大工程。地球上的每一滴水都蕴含了太阳系诞生的秘密，是连接我们和宇宙深处的神秘纽带。

火山爆发（图源：Giles Laurent）

水的三种状态

水是一位“变脸艺术家”，它可以在三种不同的状态之间自如地变换：液态、固态和气态。这不仅是一种简单的变换，而是地球上无数自然现象的核心所在。探索水的这三种状态，有助于我们了解水在地球上扮演的各种角色。

气态、液态和固态的水

我们在生活中最熟悉的是**液态**水。从广阔的海洋到蜿蜒的河流，从清晨叶片上的露珠到隐藏在林中的山涧，从淅淅沥沥的雨滴到杯中解渴的饮用水：液态的水无处不在。液态水的独特之处在于它的流动性，它可以轻易地改变形状来适应任何容器，同时又能流动并传递能量。这种特性使得水成为地球上一切生命的基础，无论是人类，还是动植物，都依赖液态水来维持生命活动。因此，人们常说"水是生命之源"。我们人类的祖先在进化历程中与水有着密切的关系，生命最初极有可能起源于海洋，而后逐渐登上陆地，在地球的演化进程中发展至今。

当温度降到冰点以下时，水会变成**固态**，也就是我们常说的冰。虽然冰看起来静止不动，但它在自然界中的作用可不小。冰是大自然的“建筑材料”，比如冰川和极地的冰盖，它们不仅能反射太阳光，帮助调节地球的温度，还储存着大量的淡水资源，是名副其实的天然水库。以喜马拉雅山脉的冰川为例，它是地球上较大的固态淡水储藏地之一。青藏高原上的冰川，就是长江和黄河的源头，养育了亿万人民。

每年夏天，气温逐渐升高，冰雪开始融化，水从固态变为液态，流入河流湖泊。冰川融水加上强降水，使河流的水量激增，这就是为什么夏季总是容易洪水泛滥。

聪明的人类发明了水电站来一边遏制灾害，一边获取能量。当水从高处流下时，积累的重力势能转化为动能，驱动水轮机旋转，进而产生电力。冰川融水和河流带来的水流，为水电站提供了源源不断的动力，是我们获取清洁能源的重要方式之一。当水蒸发时，它会转变为**气态**，也就是水蒸气。这种形态的水是我们肉眼无法看到的，却是大气的重要组成部分。水蒸气上升到高空后会冷却并凝结，形成云朵，这些云朵最终将水以雨或雪的形式送回地面。水蒸气不仅在调节地球气候中起到关键作用，还是温室气体之一，对地球的温室效应有着不可忽视的影响。

通过这些变换，水在地球上绘制了一幅复杂而精妙的循环图，连接着天空、大地与海洋。所以，每当我们呼吸雨后清新的空气，或是陶醉在冬日的雪景中时，请不要忘记，我们都是在欣赏水多变而又神奇的表演。

从海洋到天空

《黄帝内经·素问》中记载："清阳为天，浊阴为地。"可见早在先秦时期，我国的先民就注意到了地面水汽上升形成云、再因云而雨的自然现象。这便是水在它的三种不同状态间变换往复的水循环。

水循环

水循环的旅程始于广阔的海洋。在温暖阳光的照射下，海水吸收来自太阳的能量，不断地蒸发，化作看不见的水蒸气升向高空。随着高度的上升，空气变得寒冷，水蒸气遇冷凝结，形成一朵朵白云，飘浮在天空中。

当云朵遇到更冷的空气或互相碰撞时，云中的水汽就会逐渐聚集起来，相互融合，体积不断增大，变成小液滴。它们越来越重，无法再维持轻盈的形态，最终以雨、雪或冰雹的形式从天而降，落向大地。我们把这个过程叫作降水。

雨水落到地面后，有一部分汇聚成河流，奔腾向大海；另一部分则渗入土壤，成为地下水，悄悄滋养着生命；还有一些被植物吸收，通过叶子释放回空中，开始新的循环。每一滴水在地球上都扮演着不可替代的角色，维持着生态系统的活力与平衡。

保护水资源，也是在保护我们的家园不变成荒漠

因此，当我们举起水杯时，杯中平平无奇的水其实已经穿越了云层和大海，经历了无数的冒险和变换，才到达我们的身边。每一滴水都来之不易，它们经过漫长的旅程，才成为我们生活中可利用的资源。然而在地球上，水资源并非取之不尽、用之不竭。随着人口的增长、工业的发展和生活方式的改变，水资源正面临前所未有的压力。在许多地方，人们为获取干净的水源而苦苦挣扎。河流干涸、地下水位下降，这些现象都在警示着我们水资源的珍贵。

我们每个人都应当成为水资源的守护者。在日常生活中，可以从点滴做起：随手拧紧水龙头，减少用水的浪费；一水多用，提高水的重复利用率；积极参与节水宣传，让更多的人意识到水资源的重要性……只有这样，地球上的水才能持续滋养万物，让生命的循环永远延续下去。

6.2 水循环的四个阶段

蒸发：太阳的力量

蒸发是水循环的启动按钮，是一个肉眼看不见的过程，它背后的动力源自太阳无穷的能量。每当太阳升起，它的热量就像一只无形的大手，轻轻地推动着地面、河流、湖泊，甚至植物叶片里的水分子，使水分子变得活跃起来。获得足够的能量后，水就从液态转化为气态，向空中升腾而去。

这个过程开始于太阳光的照射。太阳光温暖了地球表面，水分子吸收这些热量，使得自身的能量逐步增加，变得越来越活跃。直到分子之间的束缚不再能将它们固定在液体的形态时，液体表面的水分子就会变成气态，自由地升入空中。这些自由的水分子在空中旅行，形成我们看不见的水蒸气，而它们的存在对地球的气候系统至关重要。

我们并不能通过肉眼看到水蒸气，热水表面的雾气其实是由升入空中的水蒸气遇冷重新液化而成的水雾

蒸发不仅仅是一个单向过程，也是自然界中一种精妙的平衡艺术。当水蒸发时，它从环境中吸收热量，这就是为什么当我们的皮肤上有水时会感觉凉爽。这种冷却效果是自然“空调”系统的一部分，帮助调节地表的温度，为地球上的生物提供舒适的生活环境。亿万个水分子得到自由的过程，其实也正是整个地球的热量和水分分布得以重新配置的过程。

凝结：云是如何形成的？

在太阳力量的引导下，蒸发的水分子自由地舞动着升入天空，但它们的旅程并未就此结束。当这些气态的水分子在空中升高，遇到了更冷的大气层，一个奇妙的变化——凝结——开始发生。这是云朵诞生的舞台，也是天空中自然艺术的工作室。

水蒸气在上升过程中，周围空气的温度逐渐下降。当温度达到一个临界点——露点的时候，空气中的水蒸气变得饱和，不能再以气态形式存在，于是

它们开始转变为微小的水珠或冰晶，这个过程就是凝结。想象一下，空中的每一朵云都是由数以亿计的微小水珠或冰晶聚集而成的，它们在天空中飘浮着，构成大小不一、形状各异的云。

然而，云的形成不仅仅是凝结这么简单，它还需要一个核心，即凝结核。大气中的微小粒子，如尘埃、盐粒或火山灰，都可以作为这样的核心。水蒸气围绕这些微小的粒子凝结，形成了水滴或冰晶。这就像是大自然的绘画，每一颗微小粒子都是一块画布，等待水蒸气在它们上面作出精彩的画卷。

云的形成是大气中水循环的一个视觉表现，它不仅美化了天空，还承担着调节地球气候的重要任务。云可以反射太阳光，帮助控制地表的温度；它们也是降水的前兆，将存储在云中的水带回地面，滋润大地。每当我们抬起头仰望云朵时，其实都是在欣赏这颗行星上持续进行的水循环和能量交换所呈现出的壮丽景观。

降水：雨的馈赠

轻盈的云朵聚集在一起并变得越来越重，它们中的水珠也在不断变大，到了无法再在天空中漂浮的时候，水珠就会从云层中脱落，开始奔向地面的自由落体之旅，这就是雨的形成过程。水珠在下落过程中，有时会遇到冷空气，从而变成冰雹或雪花，为大地带来不同的风采。不论是下雨还是下雪、下冰雹，我们都可以把它们统称为降水。

在降水的过程中，雨水也在塑造我们的世界。它冲刷街道，滋养森林，填充水库，甚至影响气候。雨后清新的空气、泥土的芬芳，都是雨的馈赠，是它留给大地的礼物。

径流和渗透：百川东到海

当雨滴与地面相遇后，不是每一滴水都立刻蒸发回到空中，很多水选择了另一条旅途：它们沿着山坡滑落，穿过森林，跨过田野，由一条条溪流最终汇聚成江河。各种流动的水体，我们统称为径流。它们携带着溶解的养分和微粒，滋养着沿岸的生物，推动着周边生命的轮回。径流是大自然的动脉，它们不仅运输水分，还将生命的元素带到远方，维持生物多样性。

与此同时，还有一部分的水选择了一条更为隐秘的路径——渗透。这些水分子进入土壤深处，慢慢向下渗透，直到抵达地下水层。这层隐秘的水世界遍布整个地球的地下，像一个庞大的水库，静静地储存着珍贵的水资源。地下水不仅是自然界的宝藏，也是人类生活的宝库。它通过井水或泉水的形式，被抽取到地面上，供人们使用。在干旱的季节或地区，地下水成为了生命之水，支撑着人们的生活和农业生产。

水在它旅途的最后一程选择哪条路，常常由地形地势决定：在山区，由于地形坡度较大，水的径流速度往往较快，容易形成湍急的溪流；在平原地区，水的流动相对平缓，渗透作用更为显著，有利于地下水的补充。最终，地上地下的径流都会汇入海洋，从而开启水循环的下一个轮回。

从海洋到天空，从地面到地下，水时刻不停地进行着它的地球之旅。每一滴水，无论是奔跑于地表的溪流，还是潜藏于地下的秘密水域，都在演绎着水循环的奇妙历程，维护着生态系统的和谐与生机。

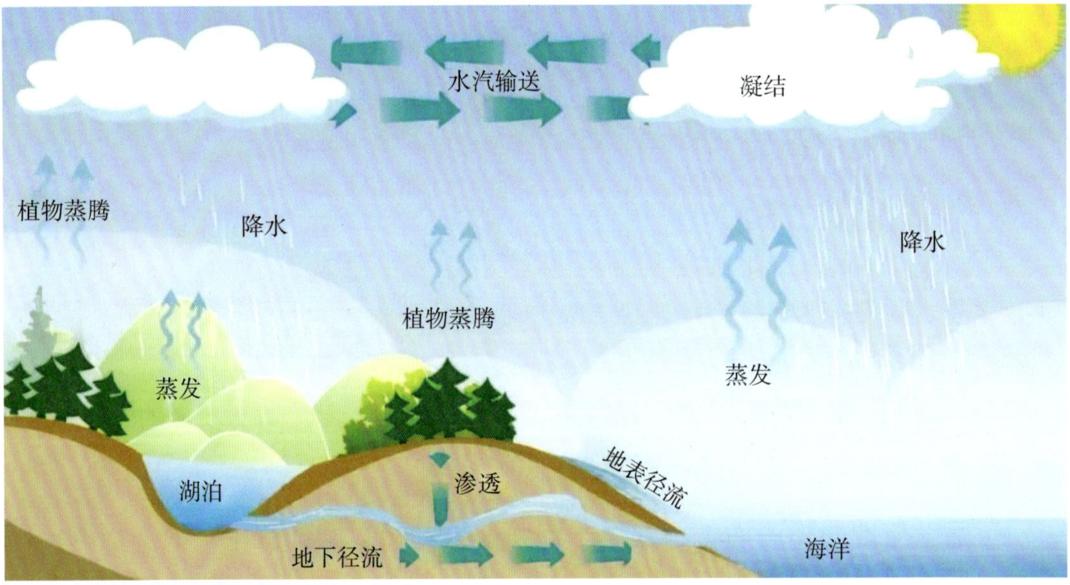

水循环的完整过程

6.3 水循环与农业

地球上的水循环是大自然中一个永不停息的动态系统，它不但对河流、湖泊和海洋产生影响，而且在农田里发挥着极为关键的作用。

在降雨时，一部分雨水直接落在农作物上，另一部分渗透进土壤，形成“地下水库”，为植物根系提供水分。根系吸收水分，使植物能够进行光合作用，从而茁壮成长。水分通过植物的气孔以水蒸气的形式释放回空气中，完成蒸腾作用，这不仅调节了植物的温度，也为下一场雨水的降临准备了新云朵。这就是农田里的水循环，它也是自然界整个水循环的一个组成部分。

没有水，农作物就无法生长

在农田里，通过科学技术的加成，我们可以更合理地利用水循环，让作物长得更好，收成更多。

精准灌溉是一种先进的灌溉方法。当我们给植物浇水时，不是把水浇得到处都是，而是精确地将水浇到作物的根部，这就是精准灌溉。农田里所使用的滴灌系统正是基于这种原理设计的。滴灌系统通过一根根小水管，把水一滴一滴地送到作物的根部，这样每一滴水都能直接被作物吸收，减少了水分的浪费。

再来看**雨水收集系统**。降水的频率并不是恒定的：有时雨下得太多，很多水浪费了；有时很久不下雨，作物又面临缺水。于是，农民建设了雨水收集系统，把降下来的雨水储存起来。在雨季时，把多余的雨水收集到储水池中；等到了旱季，就可以利用这些储存的雨水来灌溉农田。如此一来，我们不仅能有效利用自然降水，还能在干旱时保证作物的用水需求。

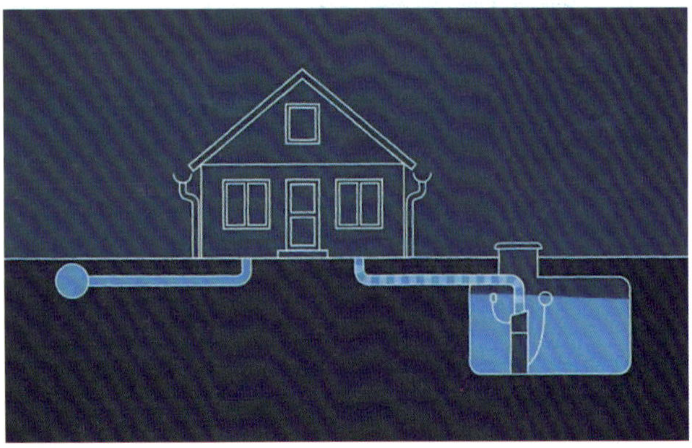

当然，有时候降雨过多也会带来麻烦。为了防止农田积水，农民会在农田里设计**排水系统**。排水沟和排水管道可以及时排出多余的水分，让土壤处于适宜湿度。这样一来，作物就不会因为积水而受到伤害，可以在一个适宜的环境中健康生长。

土壤改良也是一个关键环节。良好的土壤结构对于保持水分和养分非常重要。农民通过添加有机肥料和改良剂，可以让土壤变得更加松软和肥沃，这样水分就更容易渗透到土壤深处，作物的根部也能吸收到更多的水分和养分。

湿地保护对于维持水循环也非常重要。湿地不仅是鸟类和其他动物的栖息地，也是天然的水库和过滤器。通过保护和恢复湿地，农民可以改善农田周围的水循环，增强土壤的持水能力，减少洪水和干旱的影响。湿地还可以过滤农田径流中的污染物，提供更清洁的水源。

现代科技的应用更是让农田中的水循环更加可观察、可预测。农民可以使用传感器技术来实时监测土壤湿度和作物需水情况，就像我们用温度计测量体温一样。通过这些数据，农民可以及时调整灌溉策略，确保作物在需要的时候得到充足的水分，而不浪费水资源。无人机和遥感技术也可以帮助农民实时监测农田的水分分布，指导精准灌溉，提高水资源的利用效率。

6.4 水循环的新伙伴

我们已经知道，光伏技术为现代农业插上了腾飞的翅膀。光伏系统借助太阳能电池实现光能向电能的转化，太阳能电池作为能量转换器，将转化得来的电能供应给农场。你可能会好奇：这跟水循环有什么关系呢？

首先，光伏板覆盖在农田上方，如同巨大的遮阳伞一样，减小了地面暴露在阳光下的面积，缩短了阳光直射地面的时长。这样，它就降低了土壤表面的温度，使得土壤中的水分不易迅速蒸发，农田就能保持更长久的湿润状态。如此一来，农民不必频繁浇水，节约了大量水资源。光伏系统成为了田间聪明的“水管家”，让农田维持着适宜的湿度，促进作物在良好的水分条件下茁壮成长。

光伏技术与灌溉系统相结合，实现对农田、牧场、果林的高效灌溉

另外，光伏系统还能与现代灌溉技术相结合，进一步提高水资源的利用效率。例如，滴灌系统和喷灌系统可以与太阳能电池相连，利用光伏系统产生的电能来驱动水泵，将每一滴水精确地送到作物的根部。这样一来，就像是给农田安装了一个自我驱动的高效“灌溉机器人”，既省电又节水。在农田里，通过科学技术的加成，我们可以更合理地利用水循环，让作物长得更好，收成更多。

最后，光伏系统还可以帮助我们收集和储存雨水。在光伏农业中，光伏板不仅能发电，还能作为雨水收集器。雨水落在光伏板上，通过集水槽被引导到特定的储水设施中储存起来。等到需要灌溉的时候，再将这些储存的雨水用来浇灌农田。这种方法不仅能充分利用自然降水，还能在干旱季节提供可靠的水源，保障作物的生长。

光伏农业不仅提高了能源的利用效率，还大大节约了水资源。光伏系统成为了水循环的新伙伴，是农田的守护者和工程师，为作物提供充足的水分和电力支持。我们在享受丰收的同时，也为节约资源和保护环境做出了贡献。

延伸阅读

地球上为什么会有沙漠？

沙漠是一种独特的自然环境，那里很少下雨，植物和动物也十分稀少。但为什么地球上会有沙漠呢？沙漠和水循环之间有什么联系？又是什么原因导致某些地区形成了沙漠，而其他地方却有丰富的降水和茂密的植被？

沙漠的形成与水循环、地理位置和地形等多种因素有关。地球上总的水蒸发与降水是平衡的，但是有的地方降水多，有的地方降水少。沙漠就是干旱少雨的地方，它在水循环中缺少了关键的降水环节。空气中的水蒸气在上升和冷却的过程中，没有足够的条件凝结成水滴，因此难以形成云层，也就很难降雨。这使得沙漠地区长期处于干燥的状态。

地理位置在沙漠的形成中也起到了重要作用。很多沙漠位于地球的亚热带地区（北纬 30° 和南纬 30° 附近），比如，撒哈拉沙漠和澳大利亚内陆的沙漠都位于这一带。这些地方的空气下沉，水蒸气不容易上升并冷却形成降水。这样的地理特征决定了此类区域很少有降水，于是便形成了荒凉的沙漠。

长期以来，人类活动加剧了全球的荒漠化趋势，使其成为全人类面临的共同挑战。我国几十年来在防沙治沙领域投入了大量的资源，实施了“三北”防护林工程等一系列组合性措施，沙漠面积连年减小，取得了举世瞩目的治沙成就。近年来，“光伏治沙”成为新的科学手段，在沙漠中安装光伏板可以起到挡风降速的作用，提高植被存活率，治沙的同时还能实现光伏发电。

后　记

太阳的光芒点亮了人类文明，我们赖以生存的水循环、食物生产和现代文明的象征——电的使用，都离不开太阳。因此在本书的写作过程中，我们以太阳为中心，将天文、地理、光、电、植物和生态方面的基本知识都串联了起来。这些知识大家或多或少都关注过，但作为一个相互关联的整体去认识，对于很多青少年读者来说可能还是第一次。

理解太阳对人类社会的影响，除了学习太阳、地球和月球之间的关系（第1章），还需要了解光学的基本知识（第2章），只有学习了反射、折射和如何将太阳光中不同颜色的光分开，我们才能利用好光伏发电。如果说基于电磁感应原理（第3章）的传统发电把人类带入了现代文明，那么基于半导体PN结的光伏发电（第4章）则正将人类引向未来。在发电的同时，我们还通过新技术，将农作物生长需要的红光、蓝光等分离出来促进光合作用（第5章），增产增收；借助地球上的水循环（第6章），实现人与自然和谐共生。

探索自然，学习科学，希望本书能够帮助青少年读者对大自然的主要规律形成一个全面、系统的认识。也期待年轻朋友们能从科学视角审视历史上影响人类发展的重大发明，为未来更好地解决能源、粮食、环境等全球性问题埋下兴趣的种子。相信在不久的将来，它们会长成一棵棵参天大树。